绿色建筑运行评价标识
项目案例集

住房和城乡建设部科技与产业化发展中心　编著

中国建筑工业出版社

图书在版编目（CIP）数据

绿色建筑运行评价标识项目案例集／住房和城乡
建设部科技与产业化发展中心编著. —北京：中国建
筑工业出版社，2016.1
　ISBN 978-7-112-18863-5

　Ⅰ. ① 绿… Ⅱ. ① 住… Ⅲ. ① 生态建筑−评价−案
例−汇编−中国 Ⅳ. ① TU18

中国版本图书馆CIP数据核字（2015）第295220号

　　本书结合我国多年绿色建筑评价工作的具体实践，从全国获得绿
色建筑运行评价标识的项目中精心挑选了10例在运营以后实施效果
明显的绿色建筑，向人们展示了绿色建筑的各种良好效益，同时从可
持续的眼光出发，也没有回避目前这些绿色建筑中仍然可能出现的一
些不足。客观地把我国目前的绿色建筑可以达到的实际效果呈现给读
者，可以让怀疑绿色建筑的人们加深对绿色建筑的正确认识，也为正
在致力于发展绿色建筑的广大设计、施工、管理及社会各方面人士提
供非常有价值的参考和借鉴。

责任编辑：齐庆梅　毕凤鸣
责任校对：张　颖　姜小莲

绿色建筑运行评价标识项目案例集
住房和城乡建设部科技与产业化发展中心　编著

*

中国建筑工业出版社出版、发行（北京西郊百万庄）
各地新华书店、建筑书店经销
北京锋尚制版有限公司制版
北京顺诚彩色印刷有限公司印刷

*

开本：787×1092毫米　1/16　印张：15　字数：290千字
2016年1月第一版　　2016年1月第一次印刷
定价：78.00 元
ISBN 978-7-112-18863-5
（28070）

编委会名单

主　编：宋　凌
参　编：（按姓氏笔画为序）

序

　　和世界上其他国家一样，我国也是以"绿色建筑评价标识制度"为抓手开始发展绿色建筑的。虽然与其他国家相比，我国绿色建筑起步较晚，但发展速度最迅猛。截至2015年4月，全球获得英国BREEAM的绿色建筑面积约为1.2亿平方米，获得美国LEED的绿色建筑标识的建筑面积约为3.1亿平方米，而同期我国获得绿色建筑评价标识项目面积近3亿平方米。不管是国内还是国外，随着绿色建筑越来越多，怀疑绿色建筑是否名副其实的声音也越来越多。

　　其主要原因是，无论在国内还是国外，绝大部分获得标识的绿色建筑都是指项目的绿色设计获得了标识，项目实际投入运行后获得标识的却很少，比如英国获得BREEAM In-Use的建筑面积只占获得BREEAM标识项目总量的3.04%，美国获得LEED O&M的建筑面积只占获得LEED标识项目总量的4.51%，我国获得绿色建筑运行评价标识的项目就只占6.35%。这使得人们很少能通过正在运行的绿色建筑项目直接感受到绿色建筑节约环保的社会效益和环境效益。

　　这一问题也导致了我国目前的绿色建筑发展缺乏更广泛的社会动力：虽然我国自上而下已有不少推动绿色建筑发展的强制和激励政策，对绿色建筑也起到了很好的引导作用，但要将绿色建筑的社会经济及环境效益落到实处，缺不了建设行业和其他相关行业积极主动推进力量，更缺少不了社会各方面对绿色建筑实际实施效果的认知和理解。

　　本书结合我国多年绿色建筑评价工作的具体实践，从全国获得绿色建筑运行评价标识的项目中精心挑选了10例在运营以后实施效果明显的绿色建筑，向人们展示了绿色建筑的各种良好效益，同时从可持续的眼光出发，也没有回避目前这些绿色建筑中仍然可能出现的一些不足。客观地把我国目前的绿色建筑可以达到的实际效果呈现给读者，可以让怀疑绿色建筑的人们加深对绿色建筑的正确认识，也为正在致力于发展绿色建筑的广大设计、施工、管理及社会各方面人士提供非常有价值的参考和借鉴。

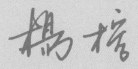

住房和城乡建设部建筑节能与科技司司长

2015年8月

为深入贯彻落实科学发展观，切实转变城乡建设模式和建筑业发展方式，提高资源利用效率，实现节能减排约束性目标，积极应对全球气候变化，建设资源节约型、环境友好型社会，改善人民生活质量，提高建筑的舒适性、健康性、可持续性发展，国务院办公厅于2013年1月1日转发了国家发展改革委员会、住房和城乡建设部印发的《绿色建筑行动方案》（国办发〔2013〕1号），明确了到2015年末，20%的城镇新建建筑达到绿色建筑标准要求的目标。2014年3月，中共中央在发布的《国家新型城镇化规划（2014—2020）》中进一步明确了绿色建筑发展的中期目标：到2020年底，绿色建筑占新城镇新建建筑的比例为50%。

我国自2008年开始正式实施绿色建筑标识评价制度至今（2015年初），全国已评出2538项绿色建筑标识项目，总建筑面积达到2.92亿m²，其中设计标识2379项，建筑面积为2.72亿m²；运行标识159项，建筑面积0.2亿m²（摘自《2014年度绿色建筑评价标识统计报告》，《建设科技》2015，No.6）。

这样的数据体现了我国绿色建筑空前的发展速度。然而，其中获得绿色建筑运行评价标识的项目量只占全国获得绿色建筑评价标识项目总量的6.79%；与全国同期的新建建筑面积总量相比，仅占4.08‰。由此可见，真正产生了节能减排效益，真正让老百姓感受得到健康、舒适和环保的绿色建筑还微乎其微。这也是目前仍然有很多声音在质疑绿色建筑的原因。因此，近两年，国内外越来越多的业内人士开始呼吁绿色建筑应落到实处、绿色建筑的评价应该只针对运行阶段、绿色建筑运行评价应该是动态标识等等，针对绿色建筑真正意义上的事后评估越来越得到重视。

编写本书一方面是为了更好的总结现有绿色建筑运行标识项目的精髓之处，追踪调研绿色建筑在运行使用阶段的实施效果；同时也为从事绿色建筑设计、施工、运营管理以及评价的相关人士提供有价值的参考。

本书摘选了全国10个获得绿色建筑运行评价标识的典型项目案例，着重从事后评估的角度进行了详细的介绍。与以往的案例介绍不同的是，除了项目概况和创新点设计理念这两部分介绍项目基本特点的内容外，本书重点介绍了这些实际投入运行的绿色建筑中产生了实际效果且值得推荐的绿色设计点和技术（包括节地与室外环境、节能与能源利用、节水与水资源利用、节材与材料资源利用、室内环境质量五个方面），并从客观（实测数据）和主观（满意度调查数据）两方面着重分析了这些绿色设计点与技术的应用效果。

值得一提的是，本书挑选出每个案例中实施效果最好的亮点技术推荐给读者，但并非只介绍这些推荐技术和设计的优点，更是从可持续的角度介绍了仍需改进的内容。作为这些案例的建设者和参与本书编写的编者来说，这种自我剖析的精神尤为难得。

本书第1个案例的素材编者和提供者是住房和城乡建设部科技与产业化发展中心的李宏军、北京清华同衡规划设计研究院有限公司的冯莹莹、北京汽车研究总院有限公司的刘永平；第2个案例的素材编者和提供者是上海市建筑科学研究院的张颖、王利珍，同济大学的施骞；第3个案例的素材编者和提供者是苏州设计研究院股份有限公司的查金荣、钱沛如、周玉辉；第4个案例的素材编者和提供者是华东建筑设计研究院有限公司的夏麟、田炜；第5个案例的素材编者和提供者是北京清华同衡规划设计研究院有限公司的黄瑶、清华大学的李晓锋、大连万达广场商业管理有限公司高新分公司的于正君；第6个案例的素材编者和提供者是北京清华同衡规划设计研究院有限公司的杨卓、莆田万达广场商业物业管理有限公司的侯杰；第7个案例的素材编者和提供者是住房和城乡建设部科技与产业化发展中心的酒淼、万达商业管理有限公司的孙多斌；第8个案例的素材编者和提供者是住房和城乡建设部科技与产业化发展中心的酒淼、万科集团深圳分公司的杨高飞、万都时代的苏志刚；第9个案例的素材编者和提供者是北京清华同衡规划设计研究院有限公司的侯晓娜、青岛鲁泽置业集团有限公司的王婷婷；第10个案例的素材编者和提供者是住房和城乡建设部科技与产业化发展中心的李宏军，中国建筑设计研究院的曾宇、许荷，万科集团北京分公司的鲍杰。

本书是"十二五"国家科技支撑计划"绿色建筑规划设计关键技术体系研究与集成示范"项目（2012BAJ09B00）课题五"绿色建筑规划设计集成技术应用效能评价"（2012BAJ09B05）的支持项目，得到了科技部和住房城乡建设部的大力支持。本书在编写过程中的不足之处，还望广大读者予以批评指正。

目 录

1

北京汽车产业研发基地用房（综合研发办公大楼）

1.1
项目简介

1.1.1 工程概况

北京汽车产业研发基地用房（综合研发办公大楼）项目位于顺义区仁和镇北京汽车城内，临近北京国际机场T3航站楼，项目区位图和鸟瞰图如图1.1、图1.2所示。本建筑功能分为核心功能及附属部分两大类，其中核心功能包含三部分，即工程中心及产品研究中心的研发办公楼、试制及试验中心、造型中心，附属部分包括专家公寓、餐厅、会议中心、职工活动中心和地下车库等多项综合服务性功能。建筑占地面积为15.78万m^2，建筑面积为17.43万m^2，总建筑高度36m。项目地下空间面积比77％，室外透水地面面积比48％，建筑节能率75％，非传统水源利用率6.5％，可再循环材料利用率10.1％，高强度钢筋利用率84％。

项目获得了多个国家奖项，包含中国建设工程鲁班奖、中国钢结构金奖等12个奖项，3个发明专利，6个实用新型专利，如图1.3所示。

图1.1　项目区位图　　　　　　图1.2　项目鸟瞰图

图1.3　项目所获奖项

1.1.2 创新点设计理念

项目在规划、设计、施工、运行整个过程中，遵循"四节一环保"的理念，坚持"被动优先、主动优化"的技术路线，根据项目的实际特点，采用了多种绿色建筑技术，如图1.4所示，并将其有效结合在一起。

图1.4 项目创新点设计理念示意图

（1）良好的交通组织。项目将整个交通分为4部分：通勤人车流、公交、小汽车人流和步行人流。针对不同人流情况，在场地北侧边界分东西设置了两个10m宽的车行出入口，南侧边界分东西设置了两个15m宽的车行出入口，在南侧边界中部设置了60m宽的绿化广场同时兼做人行出入口。整个建筑由7m宽环形车道围绕，主要地下车库入口车道分布在建筑南北两侧，与4个车行入口紧密关联，南侧为2个双车道，北侧为2个单车道，车辆可迅速出入地下车库，起到了良好的人车分流作用。

（2）室外透水地面。项目设置了大面积的乔灌木复层绿化，同时在地上停车位的下方也设置了绿化带，充分利用了有限的空间，室外透水地面的面积达2.9万m^2，占室外地面面积的48.3%。

（3）建筑整体节能。项目通过多种措施相结合的手段降低建筑能耗，主要包含优化围护结构、提高空调采暖设备系统能效比、设置排风热回收系统、全空气系统过渡季全新风运行、全LED照明灯具等，最终使得项目节能率达到75%。

（4）复合地源热泵系统。项目所在的区域的水文地质情况非常适合采用地埋管式地源热泵系统以实现节能环保。但是针对本项目，不宜单纯采用地源热泵系统，一方面由于地埋管的区域有限，另一方面从使用需求和系统造价上考虑，没有必要按照最大负荷将空调系统设计成单一的地源热泵系统。所以本项目的空调系统采用了复合式的地源热泵系统，即4台地源热泵+2台常规离心式冷水机组+燃气锅炉+水蓄冷的冷热源组合方式，以实现节能环保与经济适用的统一。

（5）节水设备应用。项目采用了多种节水技术，室内卫生器具均为节水型，供水采用无负压变频供水设备，室外绿化采用微喷灌形式。对于各个用水末端都设置了水表进行计量，能够第一时间发现用水异常情况。

（6）中水回用系统。项目收集除厨房以外的排污水作为中水原水，采用生物处理和物化处理相结合的处理工艺，经生物处理、沉淀、过滤、消毒等处理后用于冲厕、绿化、水景补水等，非传统水源利用率为6.53%。

（7）结构优化设计。在确定结构方案过程中，根据建筑设计及使用要求，进行了多方案的比较，最终选用了钢筋混凝土框架+剪力墙+空间钢结构的结构形式。主要有以下优点：不规则结构的分割、高效空间结构的使用、设置了"安全气囊"滑动支座和粘滞阻尼器。

（8）自然采光优化。项目注重自然采光，在建筑顶部设置了3处大采光顶、4处小采光顶，外围护结构采用全玻璃幕墙结构，同时地下室的泳池上方也设置了采光天窗，77%以上的室内空间能够满足自然采光的要求。

（9）楼宇自控系统。项目楼宇自控系统设计合理、完善，对复合地源热泵系统、空调通风系统、给水排水系统、智能照明系统分别设置，保障项目的节能高效运营。同时设置了远传水表、电表计量系统，能够实时查询用水、用电量，便于后续运营过程中进一步提高节能节水潜力。

1.2 运行评价重点结果

项目于2014年12月获得了公共建筑类三星级绿色建筑运行评价标识，本书从中挑选适宜推广的绿色实践经验和做法介绍如下。

1.2.1 节地与室外环境

项目设计了人车分流，距离主要出入口500m内有顺22路公交线路及通勤班车。项目合理开发利用地下空间，地下建筑面积与建筑占地面积比为77%。

（1）复层绿化。项目绿化物种选择了适宜当地气候和土壤条件的多种乡土植物，同

图1.5　项目场地中乔、灌、草的复层绿化图

（a）停车位绿化　　　　　　　　（b）场地绿化情况

图1.6　项目场地地面透水措施

时包含了乔、灌、草的复层绿化，如图1.5所示，绿地率达到了30.1%，对于项目内部和周边环境的改善起到了较好作用。

（2）透水地面。项目在地上停车位的下方设置了绿化带，如图1.6（a）所示，充分利用了有限的空间。项目建设用地面积9.6万m²，室外地面总面积为6.0万m²。室外透水地面主要为绿地，如图1.6（b）所示，室外绿地面积为2.9万m²，透水地面占室外地面面积比达到48.3%。

1.2.2　节能与能源利用

（1）围护结构。项目外墙采用310mm保温砌块或铝板幕墙加90mm岩棉板保温，屋面采用60mm厚挤塑聚苯板保温层，中厅玻璃屋顶采用LOW-E中空夹胶玻璃。项目主要光照面室外采用遮阳铝板，如图1.7所示，减少空调负荷。

（2）冷热源。项目所在区域的水文地质情况适合设置地埋管式地源热泵系统，但考虑到地埋管的区域有限以及使用需求和系统造价的优化，项目未按最大负荷设计成纯地源热泵系统，而是采用了复合式的地源热泵系统，即4台地源热泵+2台常规离心式冷水机组+燃气锅炉+水蓄冷的冷热源组合方式。所设置4台地源热泵机组，夏季制冷工况单台制冷量为1927kW，冬季制热工况单台制热量为1958kW；设置2台单台制热量700kW真空燃气

图1.7　项目室外遮阳铝板设计

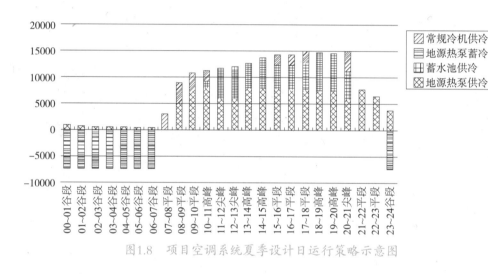

图1.8　项目空调系统夏季设计日运行策略示意图

锅炉相互备用，一台作为散热器采暖及冬季游泳池池水加热热源，另一台作为冬季卫生热水加热热源；设置2台调峰源热泵型冷水机组，作为夏季白天调峰冷源、夜间全楼空调冷源、过渡季冬季全楼空调冷源使用，项目空调系统运行策略如图1.8所示。

（3）输配系统。空调水系统采用分区两管制，空调冷热水循环系统冷源侧采用一次泵定流量系统，负荷侧采用二次泵变流量系统，空调冷热水管路均采用双管异程式系统，如图1.9所示。用户可根据室温控制调节两通阀的流量，使输配系统达到供需平衡，实现较好的部分负荷调节性能。

（4）新排风热回收系统。办公、小会议、职工餐厅的空调末端采用风机盘管加新风形式；活动中心、大会议室、展厅、造型中心的主要评审区、走廊等大开间采用全空气定风量系统。项目在办公、小会议均设置排风全热回收，如图1.10所示，泳池部分均采用显热热回收方式，新风全热回收效率不低于60%。全空气系统中单风机空气处理机组根据室外空气状态调节新、回风阀开度进行最大和最小新风比控制以及对应排风机的最大和最小风量控制；设置回风机的空气处理机组根据室外空气状态调节新、排、回风阀开度进行变

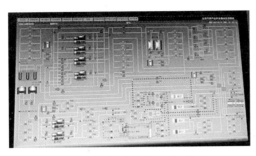 

图1.9　输配系统控制板界面　　　　图1.10　项目新排风热回收
　　　　　　　　　　　　　　　　　　　　　　系统

新风比控制，新风比调节范围0~100%。

　　（5）照明设施。项目采用节能灯具，其中大部分采用LED节能灯。各房间内、设备用房等处的照明采用就地分散设置照明开关手动控制；走道、大厅采用就地分散与集中相结合控制；展示大厅、高级办公等照明要求较高的场所根据要求采用智能照明控制系统；汽车车库等公共场所照明采用照明配电箱就地集中手动控制；室外照明采用光控开关。项目将上述控制都纳入了建筑设备自动监控系统进行统一管理。

　　（6）综合能耗。通过上述多种措施相结合的手段降低建筑能耗，最终项目节能率达到75%，建筑设计能耗低于国标规定值的80%。项目设置了完整的分析计量系统，通过对2013年5月~2014年4月用能数据的分析，如图1.11所示，项目全年用电量6753kWh，每平方米建筑能耗71W/m^2，比设计值低15.15%，低于北京市及国家公共建筑平均水平。

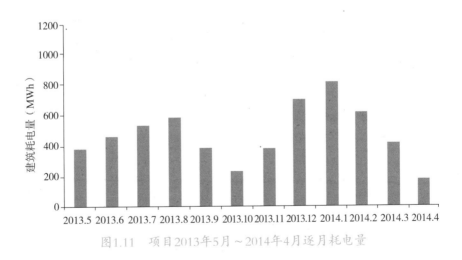

图1.11　项目2013年5月～2014年4月逐月耗电量

1.2.3　节水与水资源利用

项目给排水系统设置较为合理。给水系统竖向压力分区，3层及以下充分利用市政压力，4层及以上采用无负压供水；排水系统采用污废合流系统，厨房污水经隔油池处理后排至市政污水管网。

（1）节水器具。室内用水设备全部采用节水器具，室外在具有较大绿地面积的南广场采用了微喷灌系统，如图1.12所示。

图1.12　项目微喷灌系统

（2）非传统水源利用。项目收集屋面雨水处理后用于绿化用水，在绿地下设置两个雨水收集池，总容积2000m³。其他雨水排至绿地，尽量下渗，补充涵养地下水资源，多余部分排至市政雨水管网。另外，项目还收集除厨房以外的污水作为中水原水，经过滤、消毒等处理后回用于室内冲厕、绿化、景观及道路冲洗，如图1.13所示。

（3）建筑用水量。项目采用了远传水表和普通水表相结合来分类计量各类用水量。根据项目2013年5月~2014年4月在生活用水、生活热水、中水等各用途用水量的分析，如图1.14所示，项目全年用水量230036t，其中中水用水15015t，非传统水源利用率6.53%，用水漏损率1.32%。

（a）项目中水处理流程图　　　　　（b）场地非传统水源用水标识

图1.13　项目非传统水源利用情况图

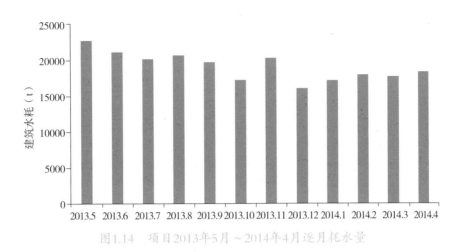

图1.14　项目2013年5月～2014年4月逐月耗水量

1.2.4　节材与材料资源利用

项目在确定结构方案过程中进行了多方案的比较，最终选用了钢筋混凝土框架+剪力墙+空间钢结构的结构形式。主要的优化设计包括：

（1）结合建筑使用功能和结构规则性要求，将整体建筑不规则结构分成7块规则结构，如图1.15所示，在结构体型规则、合理的前提下，可大幅降低结构造价，更好地实现节材的目标。

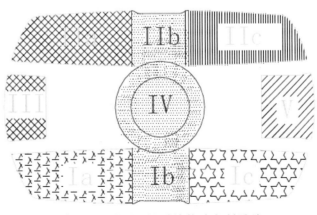

图1.15　项目不规则结构的分割设计

（2）内环造型中心68.9m跨圆形屋盖优化采用圆形辐射张弦梁结构，如图1.16所示，利用高强拉索和钢梁共同作用，实现结构的自平衡，有效减少了钢结构构件的截面尺寸，每平方米用钢量为45kg，与普通网架结构每平方米用钢量大概70kg相比，每平方米用钢量降低了25kg。

（3）采光顶与两侧主体结构连接，针对采光顶面内刚度较弱的弱连接，为保证结构

图1.16 项目圆形辐射张弦梁屋盖结构

的抗震性能，项目选用了较为先进的滑动支座和粘滞阻尼器，如图1.17所示，为建筑装上了"安全气囊"，可释放采光顶径向和环形位移，大大缓解地震对建筑结构造成的冲击和破坏，减小地震等自然因素对材料强度的更高要求，降低费用。

（4）地下室顶板的裂缝控制采用无粘结预应力温度筋体系，如图1.18所示，支座实配钢筋为ϕ12@200，与一般按裂缝控制楼板支座处需采用的ϕ14@125钢筋相比节省了大批钢筋。工作区28m大跨柱网采用了有粘结预应力结构，如图1.19所示，以提高结构的刚度，减小构件尺寸和自重，克服了用普通钢筋梁的最大缺点——裂缝问题，节约钢材的同时为建筑物提供更大的有效空间。

图1.17 项目滑动支座和阻尼构件设置

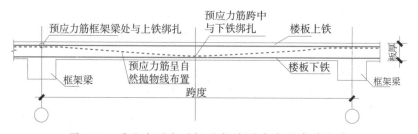

图1.18 项目地下室顶板无粘结预应力温度筋体系

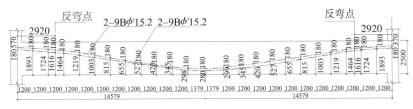

图1.19　项目工作区大跨柱网有粘结预应力结构

（5）合理选用性能优越且节约耗材的钢筋混凝土柱、型钢混凝土柱、钢管混凝土柱等框架柱，如图1.20所示，预应力混凝土梁。

（6）采用框架—剪力墙结构形成两道防线的抗震性能，通过剪力墙承担水平荷载而合理减少框架梁、柱的尺寸和配筋，较大幅度地降低了结构的材料用量，并提高了结构的抗震性能。

（7）采用轻钢龙骨石膏板、薄防滑地砖、亚麻地板、闭口槽型镀锌压型钢板与现浇混凝土组合楼板，如图1.21所示的轻型建材减轻建筑自重，节材同时降低结构对地基基础的要求。

项目无大量装饰性构件并全部使用本地化建材，尽量选用高强建材，高强钢筋使用比例达到84.0%。项目土建及装修一体化设计施工，项目在开敞式办公区、展厅、车间、

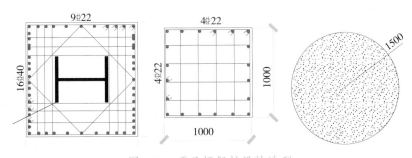

图1.20　项目框架柱设计选型

图1.21　项目组合楼板做法

餐厅等多个区域采用轻钢龙骨石膏板及纤维增强水泥板等灵活隔断，灵活隔断比例达到44.0%。项目所用可再循环使用材料主要包括钢材、玻璃、铝材等，可循环材料占建材总重量的比例达到10.1%。项目回收利用钢渣用作基础抗浮材料，收集建渣、木材、废旧石材等用于废品收购、路基回填等，废弃物回收利用率为45.5%。

1.2.5　室内环境质量

项目按照相关规范要求对暖通、空调、通风、照明等系统进行设计，并尽量采取节能、环保的优化设计措施，确保室内温度、湿度、风速、新风量、空气品质、照明质量等设计符合国家现行相关标准规定。项目主要入口、电梯及候梯厅、卫生间及停车位都设置了无障碍设施，如图1.22所示。

图1.22　项目无障碍设施

本书测试组于2015年初对室内环境质量进行了综合测评。应用温湿度计、CO_2浓度计、风速仪等测试仪器对项目各层室内环境质量进行测试，并重点对北区3~7层14个场所布置的28个测点的测试数据进行了分析（1、2层为门厅和展示厅等可灵活调整功能的大空间区域）。

（1）室内热湿环境。从整体趋势来看，各楼层平均温度与楼层高度成正相关关系，且平均温度波动范围在20℃~22℃之间，较为适宜；而各楼层平均相对湿度波动与楼层高度无明显关系，平均相对湿度的范围在21%~29%之间，空气较为干燥，如图1.23和图1.24所示。

其中，四楼虚线框内测点是开窗的办公室，受到室外较干燥空气的影响，与四楼其他测点（测点选在四楼中庭，内区）相比，温度和相对湿度明显较低。而六楼虚线框内测点是个人办公室，与其他测点相比，温度明显偏高，相对湿度明显偏低。

（2）室内声环境。项目通过合理隔声隔震措施减少相邻空间噪声干扰以及外界噪声对室内的影响。建筑外围护结构为全玻璃幕墙结构，幕墙的空气计权隔声量为

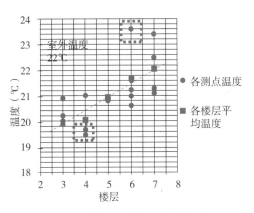

图1.23 各层测点温度分布图　　　　　　　图1.24 各层测点相对湿度分布图

（a）隔声玻璃幕墙

（b）屋顶设备周边有隔声围挡/底部隔振

（c）空调机房墙面吸声/风管消声

（d）设备按规范做隔振、软连接等

图1.25 项目主要隔声隔震措施

40dB~35dB，可以有效降低室外噪声的影响；动力设备单独设置机房，均设置减震基础台座；水泵进出口设置可曲挠橡胶接头并配金属软管；空调器设减震垫及隔震吊架；风机采用减振吊杆，如图1.25所示。

通过现场实测，室外昼间噪声不高于62.9dB；餐厅昼间噪声不高于54.5dB；走廊昼间噪声不高于42.5dB；办公室昼间噪声不高于37.6dB；公寓昼间噪声不高于33.9dB，夜间噪声不高于32.2dB。

（3）室内光环境。项目注重自然采光的设计，在建筑顶部设置了三处大采光顶、四处

（a）大采光顶　　　　　　　（b）小采光顶　　　　　　（c）地下室采光天窗

图1.26　项目采光设计实景

小采光顶，外围护结构采用全玻璃幕墙结构，同时地下室的泳池上方也设置了采光天窗，如图1.26所示。另外，在建筑内部，结合采光模拟分析结果进行优化改进，比如将三层普通内墙隔断改为透明隔断，改善内部采光效果。经过合理设计和优化改进，实现了77%以上的室内主要功能空间能够满足自然采光的要求。

将测点按布置的位置（不同楼层、不同办公室）进行分类，查看其平均照度情况，如图1.27所示。办公室内整体照度符合国家标准，室内照度分布与楼层高低无明显关系。三层的两个房间室内亮度偏低主要是因为这两个房间是内区大办公室，无外窗，完全依靠人工照明，采光效果较差，明显弱于其他设置外窗的外区小型办公室。

（4）室内CO_2浓度。项目设置室内空气质量监控系统，根据回风CO_2浓度调节新风阀开度，地下停车库的通风系统风机根据车库内的CO浓度进行台数运行控制。

将布置在办公室和主廊的各个测点CO_2浓度按楼层进行统计，如图1.28所示。根据测试结果，五层楼中仅四楼和七楼室内CO_2浓度符合国家标准（1000ppm），其余办公室CO_2浓度全部超标，这与房间使用者未有效开窗通风换气有直接关系。四层办公室测试时

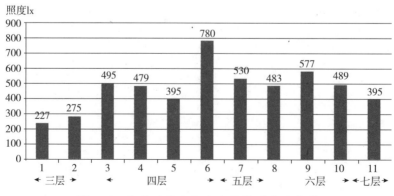

图1.27　各层不同办公室内平均照度示意图

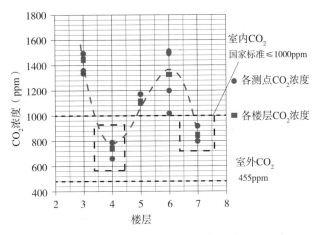

图1.28　各层测点CO_2浓度分布图

正开窗通风，故CO_2浓度最低，平均浓度仅736ppm。七楼办公室连接一环绕中庭的大主廊，换气效果较好，平均浓度仅841ppm。

（5）室内污染物浓度。厨房油烟经油烟净化器处理后排放；职工生活污水、试验生产用水和中央空调排放的循环水按规定进行排放；垃圾进行了分类回收。

1.3
亮点技术推荐——自然采光

该项目的各项绿色技术应用中，自然采光的设计与实际应用效果较为突出，对建筑的能源节约与环境改善较为明显，本书着重予以介绍。

1.3.1　设计思路详述

项目为实现较好的自然采光，在建筑顶部设置了三处大采光顶，分别位于南向展厅、中间环廊及北向中部区域，图1.29中绿色区域为采光顶，图1.30为项目设计通透情况效果图、四处小采光顶位于建筑的四角，外围护结构采用全玻璃幕墙结构，图1.29中蓝色线为透明幕墙立面，同时地下室的泳池上方也设置了采光天窗。

项目对采光设计方案进行了建模计算，发现各层大部分区域自然采光照度可以满足相关标准要求，对各层情况进行具体分析和优化，结果如下：

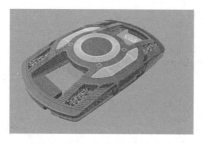
图1.29　项目建筑设计方案

图1.30　项目设计通透情况效果图

（1）项目首层南部的走廊、多功能厅和历史展厅、西部和北部的实验室、中部的设计室不满足照度要求。其中，实验室、多功能厅和历史展厅由于其功能要求，对室内照度有特殊要求，必须依靠人工照明，因此不考虑其自然采光效果。

走廊因其与外墙距离较远且周边房间隔墙的遮挡，故自然采光照度不能满足标准要求。中间环廊旁的设计室主要是由于其进深较大，造成内部区域自然采光照度不够，可以考虑从窗上部布置反光板，以改进内部区域的自然采光状况。

（2）二层中部环廊设计室不能满足照度标准要求，其他不满足区域为一层房间上空。

（3）三层区域北部的实验室、中部区域的四个条形设计室以及南部开放办公区域周边办公室不能满足自然采光照度要求。北部实验室由于其功能要求，对室内照度有特殊要求，必须依靠人工照明，因此不考虑其自然采光效果。

中部环廊的四个条形设计室，由于距离环廊过远且其靠外的墙不透光，因此自然采光照度较低。而南部的办公室则是由于距离外墙较远，且与外墙之间不具备光通道，因此自然采光照度较低。经沟通，将其隔断改为透明隔断，南侧开放办公区域和走廊的自然采光效果有所改善，如图1.31所示。

（4）四层功能房间不能满足照度要求的区域主要为中部的四个条形设计室、南侧两个开敞办公室和健身中心。西北角餐厅、西南角办公室及体育场原布置天窗密度较大，经

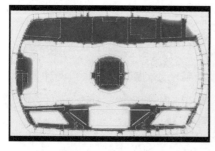
（a）三层改进前室内照度分布图

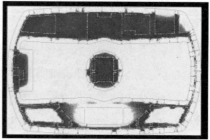
（b）三层改进方案室内照度分布图

图1.31　项目三层采光优化设计

模拟计算，建议各区域天窗面积为：73.92m²、49.28m²、56.32m²。

（5）五层不能满足照度要求的区域主要为南北两侧开敞办公室区域，其余各功能房间基本能满足图1.32对于室内自然采光照度的标准要求。

（6）六层不能满足照度要求的区域主要为环廊、南北两侧开敞办公室与南部展厅之间的办公区域。

（7）七层各功能房间基本都能满足图1.32对室内自然采光照度的标准要求。

对各层区域自然采光照度满足区域比例进行统计见图1.32，最终有77%以上的室内主要功能空间能够满足自然采光的要求。

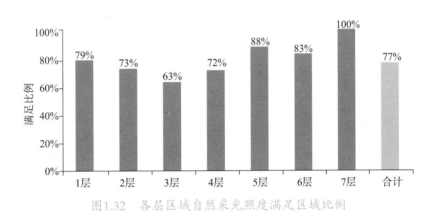

图1.32　各层区域自然采光照度满足区域比例

1.3.2　测评分析

应用照度测试仪对项目各层室内典型区域距地面0.8m高处的照度情况进行了测量。测点选取时，参考设计时模拟结果进行了区域的划分，对于每一个区域均匀分块布置测点，并根据模拟图中照度梯度变化情况调整测点布置的疏密（照度梯度变化较大的区域所布测点较密）。测试时为晴天工况，模拟数据为阴天工况，测评原则考虑为：晴天工况下实测数据点不符合采光标准的点，在阴天工况更难合格。根据2015年4月份测试结果，所有楼层的实测照度基本与模拟值一致。本书选取其中较为典型的测试结果予以介绍。

（1）被改造的三层。如图1.33所示，图中黄色区域代表模拟结果为满足照度标准，绿色点代表实测结果满足照度标准。很容易看出整体上实测部分与模拟图相一致。三层南侧展厅改成了全玻璃幕墙的结构。改进后自然采光效果明显改善。西南角为有天窗采光的大进深办公室，天窗在一定程度上补充了办公室的自然采光，是非常好的做法。此外该层建筑外区分布着许多办公室以及讨论区，充分地利用了自然采光。

（2）四层办公内区采光效果如图1.34所示。测试结果优于模拟结果。由于眩光以及查

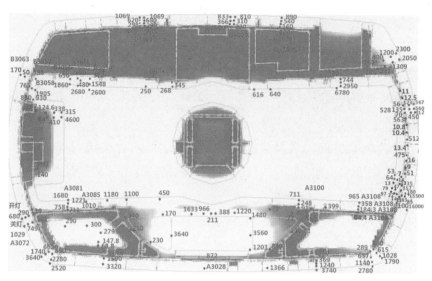

图1.33 三层实测与改造后模拟数据叠加图

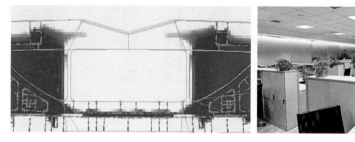

图1.34 四层办公内区采光效果

看电子产品舒适度等原因，使用者使用了遮阳并开灯进行人工照明，实测结果为此工况下测试结果。

（3）五层向阳办公区采光效果如图1.35所示。五层北部一些向阳办公室在阳光直射时会拉下百叶窗以减轻眩光，从而造成自然采光不足，因此会开一部分人工照明来弥补。不过测试结果明显优于模拟结果。实际有自然采光，但由于眩光以及查看电子产品舒适度等

图1.35 五层办公区采光效果

原因，使用者使用了遮阳并开灯进行人工照明，实测结果为此工况下测试结果。

（4）一层大厅和六层走廊采光效果如图1.36所示。其他层的实测图与模拟图数据也基本一致。其中一层大厅和六层走廊由于有阳光照射，中庭两侧天井区的实测比模拟值好。

综上所述，总体来说，项目在晴天典型工况下实测自然采光效果较好，实测结果与模拟结果也基本一致。此外，针对建筑采光和照明相关问题，本书测试组还做了细化的调研问卷。通过问卷分析得出，影响光照满意度的主要原因包括办公位置是否靠窗，能够接触到的自然采光量，照明灯具、空调、窗户、遮阳等设备能否自主调节，光环境整体明暗程度等。

对自然采光、人工照明和整体照明分别进行满意度调查（非常满意、满意、一般、不满意和非常不满意得分依次为从5分到1分）。图1.37显示了不同朝向使用者的满意度情况，可见东西向表现出较明显的满意度差异，南北向较为平均，与整体满意度接近，南北朝向的光环境表现比较稳定，人们对其评价较为一致，因此具有较高的可信度。东西朝向

图1.36 一层大厅（左）和六层走廊（右）采光效果

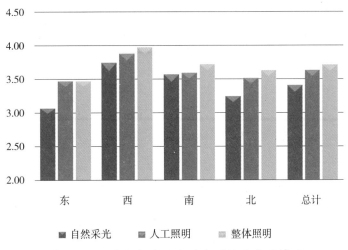

图1.37 不同朝向使用者对光照的满意度情况

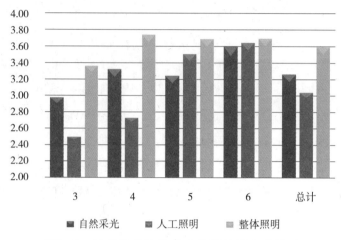

图1.38　不同楼层使用者对光照的满意度情况

之所以表现出比较大的差异有两方面原因：第一是自然原因，由于太阳东升西落，朝东和朝西的房间每天自然采光的变化程度较大，且都会有固定的时间接收到较强的自然采光，易出现一些较极端的状况，比如眩光或无光照时整体环境偏暗等；第二是人为原因，由深入调查可以发现，东西两个朝向的房间中的设备种类、可调节程度、办公位置布置等情况均存在差异，也会影响最终满意度。图1.38显示了不同楼层使用者的满意度情况，楼层对满意度也有一定影响，最主要的原因是楼层越高，接受的自然采光比例越大，效果也更好，因此人们的满意度相应增加。

1.4 用户调研反馈

通过向建筑内部使用者发放调研问卷的方式，对用户使用感受情况进行调查。此次发放调研问卷210份，回收有效问卷192份。

1.4.1　问卷调研结果统计

（1）基本信息统计

经统计，被调查者中男性居多，占67%，女性占33%；年龄分布30岁以下占41%，30~40岁占52%，其余年龄段占7%。被调查者主要办公地点位于3~6层，所占百分比分别为31%、21%、18%和23%，一、二、七层主要为大堂、天井等，未设置集中的办公室，仅占7%。被调查人员办公室朝向填写时有3人填写了多个朝向，另外还40人未填写朝向，可能由于办公室位于内区，难以分辨朝向。填写单一朝向的人中北向最多，占到43%，南向27%，西向18%，东向12%。办公者所处的办公区域多为公用大开敞空间，其中无隔断的办公室占69%，有隔断的占28%，另外有3%的人在单人间办公。而办公区域位置靠窗的有56人，占30%，不靠窗的有133人，占70%，如图1.39所示。

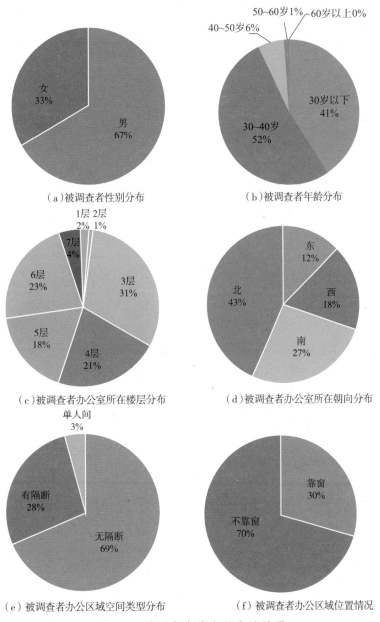

（a）被调查者性别分布　　　　　　　（b）被调查者年龄分布

（c）被调查者办公室所在楼层分布　　　（d）被调查者办公室所在朝向分布

（e）被调查者办公区域空间类型分布　　（f）被调查者办公区域位置情况

图1.39　被调查者基本信息统计图

（2）建筑热环境满意度

从图1.40可以看出，被调查者普遍感觉办公区域温度适宜，但也有一定人群感觉有点偏冷，希望环境暖和一些，这是由于有的办公室晒不到太阳，导致冷感觉较强。

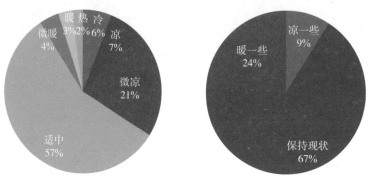

图1.40 被调查者对办公区域温度的感受（左）及期望（右）

（3）建筑湿环境满意度

从图1.41可以看出，很多被调查者感觉办公区域相对湿度偏低，希望环境更潮湿一些，这由于北京有些季节天气较干燥，这些人的办公室一般没有加湿器，所以产生这样的感受。

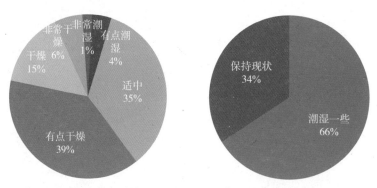

图1.41 被调查者对办公区域湿度的感受（左）及期望（右）

（4）建筑光环境满意度

从图1.42可以看出，被调查者普遍感觉办公区域光照强度适中，但也有一定人群感觉亮度不够，希望亮度更强一点，这正与其感觉温度偏低相对应，因为这些办公室难以照到太阳，故觉得亮度偏暗。

（5）建筑风环境满意度

从图1.43可以看出，多数被调查者感觉办公区域无风，也有一部分人感觉有轻微吹风

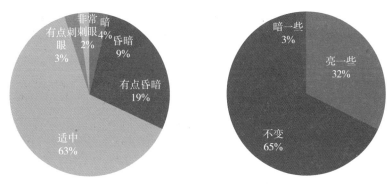

图1.42　被调查者对办公区域光照的感受（左）及期望（右）

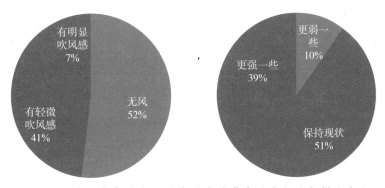

图1.43　被调查者对办公区域风速的感受（左）及期望（右）

感，但可能受空气品质等方面影响，仍有一部分人希望加强通风。

（6）建筑声环境满意度

从图1.44可以看出，多数被调查者感觉办公区域有轻微噪声，希望噪声更弱，这是因为大家办公需要高度集中注意力，因此希望更少的噪声干扰。

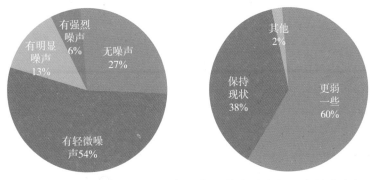

图1.44　被调查者对办公区域噪声的感受（左）及期望（右）

（7）建筑空气品质满意度

从图1.45可以看出，多数被调查者对空气品质比较关注，大家感觉办公区域有轻微异味。

（8）工作效率影响因素

从图1.46调查结果可以看出，对工作效率的影响由大到小的因素依次为：空气质量>温度>照度>相对湿度>吹风感>其他，这也为后续办公环境的进一步改进优化指明了方向。

感觉气味	对空气品质的关注度
1.84	2.0
1：无异味	1：非常关注
2：轻微异味	2：比较关注
3：较强的异味	3：一般
4：强烈异味	4：不太关注
5：无法忍受的异味	5：从不关注

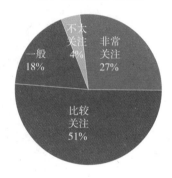

对空气品质的关注度

图1.45　被调查者感受空气品质及对空气品质的关注度

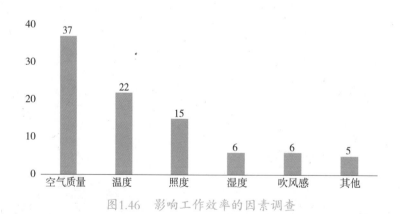

图1.46　影响工作效率的因素调查

1.4.2　问卷与实测结果对比分析

将使用者主观感受与现场测试的主要结果进行对比，如表1.1所示。可以看出，在热湿环境、风环境、光环境、室内空气品质等各个方面，使用者主观感受与现场实测结果都较为吻合，该项目的实际使用情况良好。

使用者主观感受与现场测试主要对比表 表1.1

类别	使用者主观感受	现场测试结果
温度	温度适中，维持现状	平均温度21℃，温度适中
湿度	室内干燥，希望加湿	平均室内相对湿度25%，室内干燥
光环境	光照适中，保持不变	各处照明基本合理，充足
风环境	主观感觉无风，希望保持现状	平均风速0.1m/s，风速略低
室内空气品质	有轻微异味，员工比较关注	室内PM2.5平均浓度450ug/m^3，严重污染
		室内CO_2平均浓度1060ppm，略高于推荐值

2

上海建科院
莘庄综合楼

2.1 项目简介

2.1.1 工程概况

上海建科院莘庄综合楼项目位于上海市闵行申富路568号,近中春路,是上海市建筑科学研究院在莘庄科技园区的第四期开发项目,位于园区东南角,2010年竣工,和基地内已建成的上海生态办公示范楼、生态住宅示范楼以及其余研发楼共同形成围合式的办公研发园区,如图2.1所示。建筑面积为9992m²,其中,地上部分主楼4573m²,附楼2402m²,地下部分3017m²。本项目包括办公主楼和科研研究附楼以及地下车库及其配套用房。主楼地上7层、地下1层,包括一般办公和会议功能;附楼地上4层、地下1层,包括节能、声学等专业研究室;地下车库还包括配电房、水泵房等配套用房,如图2.2所示。

作为上海市建科院在莘庄科技园区的区域总部,莘庄综合楼以经济实用为基本原则,在被动式生态节能设计的基础上,通过绿色建筑技术体系的整体策划和实施,提升项目的技术内涵,如图2.3所示,旨在将其打造成夏热冬冷地区的绿色办公示范工程,营造"健康、舒适、高效"的人性化办公环境,成为继上海生态建筑示范楼之后,又一个立足上海、辐射全国的可持续发展建设的教育和宣传基地。莘庄综合楼于2009年11月获得绿色建筑三星级(设计)评价标识,2010年5月获得住房城乡建设部绿色建筑创新奖二等奖。

图2.1 上海建科院莘庄科技园区全景　　图2.2 莘庄综合楼东南透视图

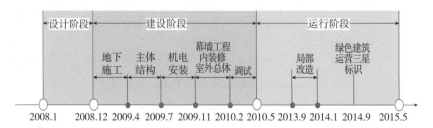

图2.3 项目绿色实践历程

图2.4　绿色建筑三星级标识证书与绿色建筑创新奖牌匾

2010年4月开始，项目正式竣工投入使用，经过系统调试和试运行、常态化运营管理、后评估优化改造等过程，于2014年9月获得三星级绿色建筑评价标识，成为上海地区第7座荣获三星级绿色建筑运行评价标识的建筑，并于2015年6月获得"上海市建筑节能示范工程"的称号，如图2.4所示。

2.1.2　创新点设计理念

该项目建立了"生态设计"、"系统节能"和"环境友好"三大技术体系，如图2.5所示。预期建成后在建筑能源与环境方面的目标包括：建筑年单位面积能耗值较本地区同类建筑平均水平降低20%，室内环境参数达标率100%，如图2.6所示。

绿色建筑的第一要义是因地制宜，因此该项目充分考虑了上海地区的全年太阳运行轨迹、日照辐射量、风向、风速等关键因素，以将可持续设计的技术策略与有吸引力的建筑形态有机结合，并考虑与周边建筑和景观环境的协调及对环境的贡献。从气候、地域、资源等特点分析，上海在建筑热工分区上属于夏热冬冷地区，建筑物面临着夏季隔热和冬季

01
- 建筑自然通风
- 建筑本体遮阳
- 车库天然采光
- 空间优化利用
- 围护结构节能
- 立体绿化技术

02
- 土壤源VRV空调系统
- 溶液除湿新风机组
- 太阳能热水系统
- 办公室个性化照明
- 能耗分项计量系统

03
- 环境监测与发布
- IAQ控制和保障
- 反光吸声复合板
- 人工风环境调控
- 资源高效利用
- 远程视频会议
- 绿色行为导航

（a）生态设计　　　　（b）系统节能　　　　（c）环境友好

图2.5　本项目绿色建筑技术体系

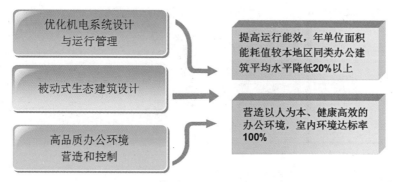

图2.6　绿色建筑能源与环境目标

保温的双重挑战；在太阳能资源分布上属于资源一般的Ⅲ类地区，具备太阳能利用的潜力；在水资源分布上，尽管降水充沛，但仍属于水质性缺水城市，应合理采用水资源高效利用措施，如图2.7所示。

（1）建筑遮阳。建筑形态的确定在于利用建筑自身体块的阴影效果实现夏季的遮阳，以一种更为主动的姿态来应对，而不是在建筑表皮之外叠加外遮阳构件或控制复杂的电动遮阳系统。主楼逐层进行悬挑叠加，外挑幅度按照夏至日正午太阳高度角82°计算确定，使上部楼板的阴影正好可对下部楼层形成自遮阳；另一方面，随着冬季太阳高度角的降低，光线可避开楼板而直接进入室内，如图2.8所示。

在自遮阳设计的基础上，主楼南立面的建筑外窗选用了双层窗体系，并在两层窗体之间安装活动遮阳帘，实现了夏季遮阳、冬季保温、过渡季通风的多重功能。主入口朝向西

图2.7　绿色建筑创新点集成

图2.8　南立面悬挑式自遮　　图2.9　门厅钢架攀缘植物
阳设计　　　　　　　　　　　遮阳

图2.10　各层露台导风口　　　图2.11　首层小花园照壁挡风墙

北，在夏季及春秋季存在午后西晒辐射，因此在门厅的玻璃幕墙外侧设计了钢结构网架，栽植了紫藤等攀缘植物，既创造了绿意融融的景观效果，同时也利用落叶植物的特性实现冬夏两季的遮阳调节，改善了门厅夏季室内的热环境，图2.9所示。

（2）自然通风。主楼南向设置了错落分布的休憩露台，如图2.10所示，作为各层室外气流的导入口。外幕墙设置大量可开启窗，在过渡季可形成良好的通风效果，便于利用上海地区自然通风节能潜力减少空调开启时数。此外，首层北侧设置了一处富有古典园林特征的照壁，如图2.11所示，作为景观小品，也兼具了冬季挡风墙的作用，有助于减少冬季西北风对大堂的冷风渗透。

（3）天然采光。通过精巧的设计策略为地下车库引入日光照明，其中包括地下室上方绿化带的2个采光天窗，如图2.12所示，以及车库坡道侧面的下沉式边庭如图2.13所示。5层的大会议室采用了反光吸声复合板，将光反射到天花板再折射至室内进深较大处，从而改善采光均匀度。通过将反光板与吸声材料结合，可同时改善会议室的声环境。

图2.12 采光天窗和下沉边庭　　图2.13 地下车库实景

2.2 运行评价重点结果

项目于2014年9月获得了公共建筑类三星级绿色建筑运行评价标识，本书从中挑选适宜推广的绿色实践经验和做法介绍如下。

2.2.1 节地与室外环境

本项目交通组织合理，步行至附近公交站747和闵行9路的距离不超过500m。莘庄工业园区设有穿梭巴士，基地也自设通勤班车往来于地铁站。园区基地绿地面积共计5992m²，透水地面比例47%。

（1）屋顶绿化与露台绿化。可绿化屋面为主楼7层（6楼屋面）、7楼屋顶及附楼4层（3楼屋顶）、4楼屋顶，约1554m²。屋顶绿化共计600m²，比例为34.3%。屋顶绿化植物种类包括佛甲草、红叶石楠、茶梅、金桂、金丝桃、金边黄杨等。一楼大堂的主出入口结合钢结构网架设爬藤垂直绿化45m²，攀爬植物选择为紫藤，如图2.14左图所示。

（2）本地绿化物种。中央花园集中绿地和各单体建筑分散绿地相结合的景观设计策略。绿化物种选取上海本地适宜物种，包括香樟、垂丝海棠、日本晚樱、金桂、紫薇、梅花、苏铁、小叶女贞球等，图2.14右图所示。

2.2.2 节能与能源利用

（1）围护结构。本项目建筑围护结构热工性能指标除符合现行国家和地方公共建筑节能标准的规定之外，更需要通过提高性能参数来实现60%的节能目标。具体围护结构节能体系为：①外墙节能构造（从外到内）：隔热涂料+无机保温砂浆30+混凝土砌块

图2.14　屋顶绿化（左）与中央花园（右）建成实景

200+XPS30+粉刷砂浆20；②屋面节能构造（从上到下）：种植介质100~300+过滤层+排水层+防水层+隔离层+1∶3水泥砂浆找平层20+1∶8水泥陶粒找坡最薄处30+XPS50+钢筋混凝土屋面板；③双层外窗（从外到内）：普通铝合金单层窗+遮阳+空气层100+普通断热铝合金中空窗，其他窗采用低辐射断热铝合金中空窗+内遮阳。其中，综合楼南向外窗采用双层窗内置活动百叶遮阳技术，东西北向外窗采用低辐射断热铝合金中空窗加内遮阳，如图2.15所示。

图2.15　双层窗内置活动百叶遮阳（左）和低辐射断热铝合金中空窗加内遮阳（右）

（2）地源热泵VRV空调联合独立新风系统。主楼系统设计中将变制冷剂流量多联空调机组和地埋管系统相结合，室内机为直接蒸发式系统，室外机采用了封闭式地埋管水冷却系统，同时安装了调峰冷却塔。

室内负荷和新风负荷分开处理。室内冷热负荷由地源热泵VRV系统解决，将变制冷剂流量多联空调机组和室外地埋管系统相结合。每层为一个空调分区，设置一套VRV机组。室外侧采用地埋管冷却水系统，由分集水器连接循环泵送入各层VRV主机，冷却水系统采用二次泵系统。室内按办公空间的划分设置空调末端，末端机组采用冷媒直接蒸发式风机盘管。该设计兼具了VRV系统的灵活性和地埋管水系统换热的高效性。一般水冷多联机组（冷却塔工况）的IPLV值在3.5左右，而本项目选用的多联机（土壤源工况）的

IPLV值大于4.5，有效提高了系统能效比。

　　新风处理采用溶液调湿全热回收型新风机组，相比传统的转轮热回收，具备节能高效、形式灵活的特点，并且可避免新风与排风之间的交叉污染，由于自带冷热源，也可在过渡季单独运行。新风从室外引入，先与排风进行全热交换，再由新风机组处理后送入室内，运行策略见图2.16。新风机组位于一、四、七层空调机房内，分别供应地下一层和一层新风、2~4层新风、5~7层新风。

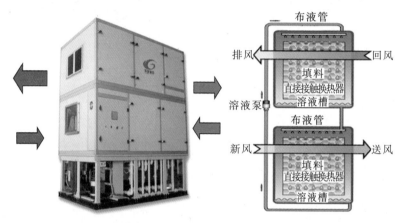

图2.16　溶液调湿全热回收型新风机组（左）及工作机理（右）

　　本项目空调系统运行策略综合考虑了夏季和冬季不同负荷率条件下的机组启停方式，同时也要在过渡季优先使用免费冷源，从而减少空调系统开启时数。该项目采用2套独立的冷热源，同时安装了吊扇等辅助自然通风的设备，为制定和优化全年运行策略提供了可能性。

　　夏季空调系统有两种运行策略：①当空调负荷逐步增加，但未达到设计最大负荷的50%时，仅开启溶液调湿新风机组供冷，同时开启吊扇，以混合通风方式提高人员热舒适满意度；②当空调负荷超过设计最大负荷的50%时，溶液调湿新风机组和多联机联合供冷，如图2.17（左）所示。

　　冬季运行策略：11月上旬至3月上旬为空调供暖季，运行策略分为低负荷和高负荷两种模式：①当供暖负荷较低时，仅开启溶液调湿新风机组供热；②当供暖负荷较大时，开启多联机联合供热，在水源多联机开启运行的时间内，通过监测地埋管侧供回水温度的变化，调整分集水器的开启数量，从而降低地埋管侧循环水泵的运行能耗，如图2.17（右）所示。

　　在水源多联机开启运行的时间内，通过监测冷却水供回水温度的变化，调整分集水器的开启数量，从而减少地埋管侧循环水泵的运行能耗；若监测供水温度超过设定值，则将冷却水管路切换至冷却塔环路，以实现调峰作用。

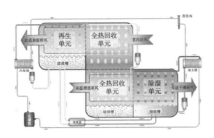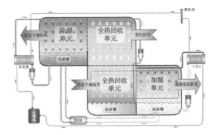

图2.17　溶液调湿机组夏季（左）和冬季（右）运行模式

（3）节能高效照明。办公区域采用局部照明，保证工作台照度。走廊、厕所等公共区域采用一般照明，选用感应式节能灯具，并根据天然采光分析结果合理确定照明功率密度。实行照明用电分层计量，即时监控和时程控制。在充分利用天然光提高室内照度的情况下，人工照明仅起到辅助性作用，因此各主要功能区均将照明功率密度值控制在目标值内，以降低照明部分的能耗，如图2.18所示。

图2.18　办公区节能灯具

普通办公室水平工作面的平均照度不低于300lx，高级办公室平均照度不低于500lx，对应的照明功率密度值分别为9W/m² 和15W/m²。有电脑屏幕的作业环境，屏幕上的垂直照度不应大于150lx。会议室照度不低于300lx，对应的照明功率密度值分别为9W/m²。门厅地面照度不低于75lx，其中前台工作面照度不低于200lx。桌上照度为周围照度的3~5倍，被认为可起到有中心感的效果。门厅、电梯大堂和走廊等场所，采用夜间定时降低照度的自动调光装置。洗手间采用人体感应或动静感应等方式自动开关灯。

（4）实际运行能耗分析。本项目采用了自然通风、屋顶绿化、节能高光效荧光灯等措施，全年逐月能耗和用电分项比例如图2.19和图2.20所示。

本项目2013年建筑物的全年单位面积总能耗为50.3kWh/(m²·a)。通过高效的物业管理和系统运行，实现建筑实际运行能耗比设计值降低45.3%，详见图2.21的对比结果。

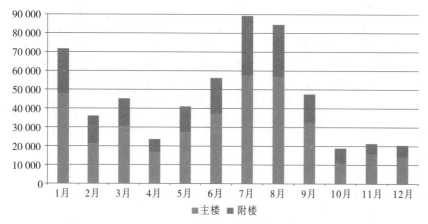

图2.19　综合楼2013年度逐月能耗统计分析（单位：kWh）

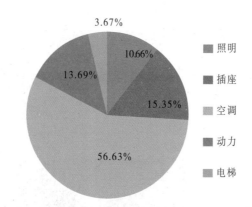

图2.20　综合楼2013年度全年用电分项拆分

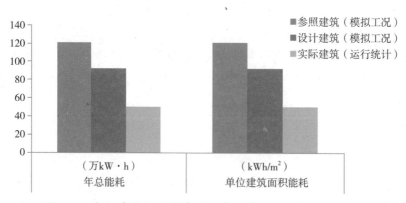

图2.21　实际建筑与设计建筑、参照建筑的能耗对比结果

2.2.3　节水与水资源利用

本项目给排水系统使用优质管材、管道连接及高效阀门等避免管网漏损。生活给水采

用变频供水方式，再生水给水系统采用水泵—水箱联合供水方式。卫生间选用节水型卫生洁具，实现末端节水。此外，重点采用雨水利用和节水灌溉技术。

（1）雨水收集系统。园区在 2004 年建成中水回用站，收集生态楼和综合楼污水，如图2.22所示，处理后用于水景补水、楼宇冲厕和室外杂用水。随着园区的扩大和整体节水规划的实施，原有中水系统已不能满足整个园区用水需求。因此2013 年 5 月将原有中水回用系统进行改造，改造为雨水收集利用系统。

雨水收集利用系统基本流程如图2.23所示，收集整个园区雨水至雨水蓄水池，经过处

图2.22　园区雨水收集系统改造方案

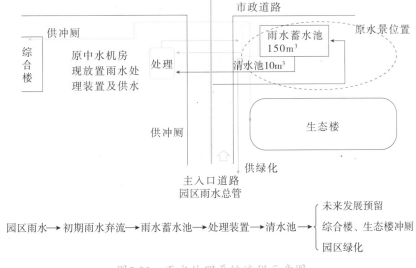

图2.23　雨水处理系统流程示意图

理系统处理后送入清水池，供园区绿化、生态楼和综合楼冲厕，以及为未来发展预留。

原生态楼旁边水池改造为封闭的雨水蓄水池和清水池，上覆绿植景观，如图2.24所示。雨水蓄水池容量为150m³，处理后的雨水用于园区绿化浇洒、生态楼和综合楼冲厕。将原有中水设备拆除后，利用原有机房新建一套雨水收集回用系统，处理量为5t/h。

（a）改造前　　　　　　　　　　　　（b）改造后

图2.24　景观水池改造为埋地式雨水收集池的前后对比

雨水进入收集管道后自流进入雨水蓄水池，由设于地下设备间的雨水回用处理系统进行处理，处理后出水水质达到《城市污水再生利用景观环境用水水质标准》GB/T 18921—2002和《地表水环境质量标准》GB 3838—2002中IV类地表水的主要水质标准。经处理后出水储存于清水蓄存池和水景池内，可供浇灌绿地绿化等杂用。循环净化是指对清水池和水景池内蓄存一段时间后被污染的水体，重新送回设于地下的雨水回用处理系统进行处理，同样经处理后出水水质达到《城市污水再生使用景观环境用水水质标准》GB/T 18921—2002和《地表水环境质量标准》GB 3838—2002中IV类地表水的主要水质标准。

整个雨水回用处理系统采用现场 PLC（下位机）控制与远距离控制中心计算机（上位机）监控等组成的两级结构，经济有效地实现雨水收集处理回用为浇灌绿地绿化用水流程的高层次全自动控制与监管以及无线报警。雨水回用处理系统工艺流程如图2.25所示。

上海地区年降雨量 1164.5mm，年降雨天数 93.7 天，根据汇水面积计算园区理论可收集的雨水量，如表2.1所示。

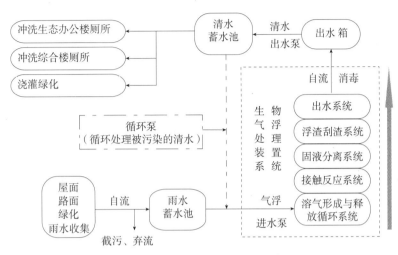

图2.25　雨水处理系统工艺流程图

雨水年可收集量计算表　　　　　　　　　　　表2.1

序号	部位	汇水面积m²	径流系数	年可收集量m³/a
1	绿化屋面	600	0.3	161
2	屋面	6183	0.9	4536
3	硬质地面	10665	0.9	4642
4	绿地	5992	0.15	789
总计				23441

综合楼项目采用非传统水源给水的用水点包括室内冲厕、道路浇洒及绿化浇灌，设计年用水量共计2405m³。可采用非传统水源的用水量占参评区域年用水总量的比例为50.0％。

（2）节水灌溉。地面绿化分别采用高效的喷灌方式，并设置单独用水计量装置。水源采用园区内回收利用的雨水，由变频水泵、自动反冲洗过滤系统组成，控制系统包括中央控制器、程序分控器及电磁阀。灌溉管网采用耐压及不小于1.0Mpa的U-PVC管网输水系统，灌水设备采用地埋自动伸缩喷头及压力补偿式滴灌管。

（3）建筑用水量。2014年雨水收集系统正式投入使用，项目2013年和2014年的逐月用水量如图2.26所示。2014年相比2013年，年自来水用量共计减少2160m³，实现了明显的节水效益。

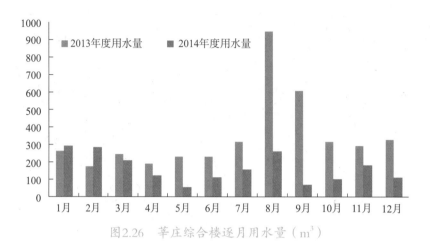

图2.26　莘庄综合楼逐月用水量（m³）

2.2.4　节材与材料资源利用

本项目主楼主要柱网尺寸6.0m×8.1m，结构类型为板柱—剪力墙结构，采用空心楼盖，最大限度地提高楼层净空尺寸，为业主提供了灵活多变的使用空间，并结合建筑楼梯间、电梯间及隔墙，合理布置结构剪力墙，使结构侧向位移比值满足规范要求，如图2.27所示。

（1）现浇混凝土空心楼盖。莘庄综合楼（办公）主要柱网尺寸6.0m×8.1m，结构类型为板柱—剪力墙结构，采用无梁空心楼板，最大限度地提高楼层净空尺寸，为业主提供了灵活多变的使用空间，并结合建筑楼梯间、电梯间及隔墙，合理布置结构剪力墙，使结构侧向位移比值满足规范要求。

（2）灵活隔断+废弃物建材。本项目办公区采用大开间设计，建筑内部空间采取了灵活隔断方式，非承重隔墙以轻钢龙骨脱硫石膏板隔墙系统和玻璃隔断等轻质隔断为主，灵活隔断空间占可变换空间比例为78%，且石膏板均为脱硫石膏板，符合中国环境标志认证产品。

本项目采用高强度钢筋以减少钢筋用量，其中HRB400级钢筋占钢筋总用量的97.7%。本地化材料用量比例达到98.1%。建设过程中施工废弃物实施分类收集并回收利

图2.27　莘庄综合楼办公区实景

用。土建装修一体化设计施工，减少了建材的浪费。

2.2.5   室内环境质量

（1）室内热湿环境。该项目建立了建筑室内环境实时监测和运营管理系统。提取监测平台的夏季典型周（以2013年7月15~20周日作为夏季典型周）参数进行分析。其中，夏季典型周的实时温度和相对湿度波动曲线分别见图2.28和图2.29，工作时段的室内温度基本介于25.4℃~29.0℃之间，相对湿度在42%~55%之间，基本满足室内舒适度的要求。2个代表性监测点分别位于小型会议室和开放办公区，可以看到，与办公区相比，会议室的温度波动幅度更为明显，这体现了间歇性使用的特征。

2013年冬季至2014年春季，该项目调查了室内环境客观参数与人员主观满意度。对冬季一个工作周（2014年2月10~14日）上班时段内的温度进行分析，如图2.30所示，开放办公室和小型办公室的平均温度均在18℃以上，满足设计标准要求；会议室冬季与夏

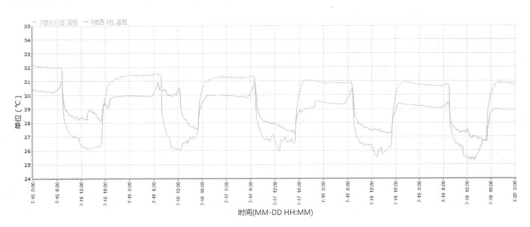

图2.28   夏季典型周的室内温度监测曲线

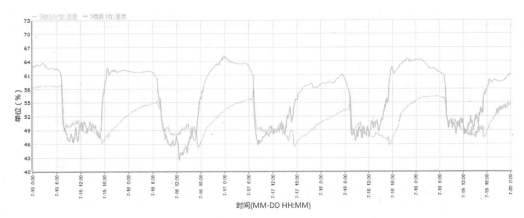

图2.29   夏季典型周的室内湿度监测曲线

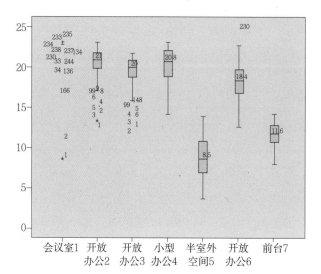

图2.30　冬季典型周各测点温度统计分析

季的室内温度变化相似，同样体现了其间歇性使用的特征。该会议室为部门内部使用，平均每天使用时间为2h～3h，由于采用了VRF末端，可以采用灵活的控制模式，在满足使用时段室内人员热舒适的前提下，达到低能耗运行的效果。由实测数据可知，该测点在统计时段内的平均温度只有16.6℃左右，但是在实际使用时段温度为18.5℃～23.5℃，可满足室内人员的要求。

（2）室内光环境。图2.31为人工照明环境下，各测点工作面高度的照度值。其中横线代表相应功能空间《建筑照明设计标准》GB50034—2013要求，即普通办公和会议室要求300lx，接待室和前台要求200lx。从图2.31可以看到，各测点均达到了设计照度要求。

（3）室内声环境。对各测点噪声水平的监测数据统计结果如图2.32所示，开放办公室

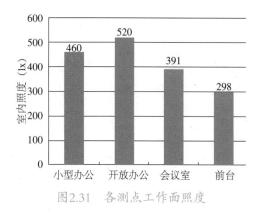

图2.31　各测点工作面照度

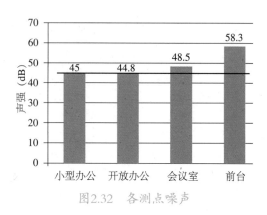

图2.32　各测点噪声

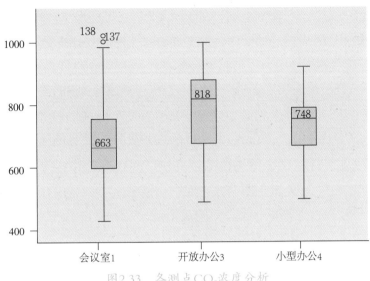

图2.33　各测点CO_2浓度分析

和小型办公室的室内噪声值均可达到《民用建筑隔声设计规范》GB50118—2010的限值要求，会议室略有超标，前台超标情况较为严重，空调噪声、计算机噪声和人员交谈声等都是导致其噪声超标的主要原因。

（4）室内CO_2浓度。图2.33为各测点在2014年2月10~14日的室内CO_2浓度分析图。可以看到，会议室的平均CO_2体积分数最低，均值为663ppm，其原因分析和热环境相似，同样源于其间歇性使用的特征；开放办公区由于人员密度较大，其CO_2浓度较小型办公室更高。但从整体上来看，各区域的CO_2体积分数均低于1000ppm的要求。

2.3 亮点技术推荐——自然通风

该项目的各项绿色技术应用中，自然通风的设计与实际应用效果较为突出，对建筑的能源节约与环境改善较为明显，本书着重予以介绍。

2.3.1 自然通风设计思路

本项目在园区总体规划阶段已经对总平面进行了优化设计，建筑单体自然通风设计的目的在于：通过模拟计算优化门窗和建筑内自然通风路径设计，实现室内良好的自然通风效果，在春秋季和夏季室外主导风向及平均风速状况下，室内主要功能房间的自然通风换气次数达到每小时5次以上；降低过渡季节和非极端气温下的空调能耗，实现春秋季节各减少空调开启时间约1个月。

（1）建筑设计。建筑首层设计了一处内庭院，中式园林风格的照壁既是设计师的点睛之笔，也是冬季的挡风屏障，削减对北侧玻璃幕墙的风压，减少冷风入侵。南立面设置了错落分布的休憩露台，如图2.34所示，作为各层新风导入口。过渡季利用1~7层的外门窗和露台从室外引入自然风，促进各楼层空气流动，达到改善室内空气品质的目的。主附楼之间、主楼和改造小楼之间具备可开启窗的连廊设计，均为室内利用自然通风创造了有利条件。

图2.34　建筑南立面露台设计（左：实景，右：设计）

（2）模拟优化。采用CFD计算软件，对在东北、东、东南三个主导风向下建筑物各层的室内自然通风情况进行模拟计算，对通风量进行统计和计算，结果如图2.35所示。可见，东南风时室内各层通风量最大，东北风次之，东风最小。这是因为当室外来流风向为东南风时，南侧开窗为主要进风口，北侧开窗为主要出风口，可以较好实现穿堂风设计效果；东风和东北风时，主要进风口为东侧开门，南北开窗侧为出风口，导致通风量有所下降。

主楼各层通风效果情况如图2.36所示。由于主楼各层均有扭转，因此不同风向下其通风量的变化不尽一致。如东北风和东南风时，5层通风量最大，1层通风量最小；东南风时，6层通风量最大，1层通风量最小。各风向下，2、3、4层的通风量表现则较为一致。

对各层空间的换气次数进行统计和计算，自然通风季节下，各层室内换气次数均可达到5次/h以上。因此，莘庄综合楼的室内通风设计很好地营造了室内气流通道，符合室内人员舒适性需求。

（3）控制策略。在过渡季节的情况下，良好的自然通风不仅可以满足室内的空气质

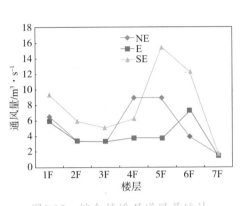

图2.35　综合楼逐层通风量统计

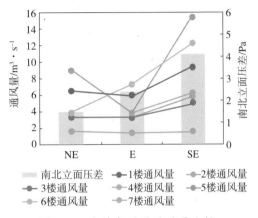

图2.36　主楼各层通风效果比较

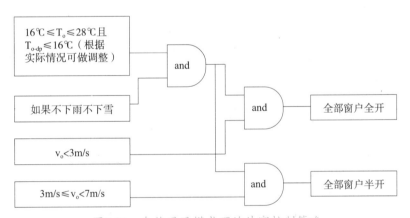

图2.37　自然通风模式下的外窗控制策略

量，最大限度地满足使用者的热舒适度，同时还能缩短使用供热空调的运行时间。在进行自然通风的设计之后，实施自然通风策略的关键就在于开关窗的选择模式。根据室内热舒适和空气质量对自然通风的要求，提出了综合楼的自然通风开关窗户的选择模式，如图2.37所示。

2.3.2　实测效果分析

本书测试组结合使用者开关窗模式对该项目自然通风对建筑运行能耗的影响进行了分析。以综合楼五层和六层为代表性楼层，通过安装电磁开关统计器，对大楼工作人员的开窗行为习惯进行了追踪，旨在分析建筑使用者的开窗行为模式，以验证自然通风设计策略是否在运行中得到实现。

研究中，统计了所在楼层所有窗户开关动作情况（由开到关，由关到开），汇总于表2.2。

时间点对窗户状态的影响比例 表2.2

时间点	首次抵达房间	抵达房间	离开房间	最终离开房间	中间时刻
开窗数（次）	8	31	1	14	35
百分比（%）	9%	35%	1%	16%	39%

由表2.2可以看出，使用者在首次抵达房间和再次抵达房间的时候，根据当天的室外天气情况，会主动采取开窗的方式获得自然通风，所占人员比例达到44%；在工作时间内，约有39%的工作人员也会采取开窗的动作来改善所在工作区域的舒适度。

通过对比本项目与其他同类项目的运行能耗，侧面考证自然通风在过渡季的节能效应。测试组从上海市大型公共建筑能耗监测平台上筛选出了2013年10栋与莘庄综合楼同类型的办公建筑进行能耗对标，如图2.38所示。图中，O-11代表的是莘庄综合楼，可见本项目各月的能耗绝对值在各栋楼中处于较低水平，远远低于上述比对建筑的平均值。

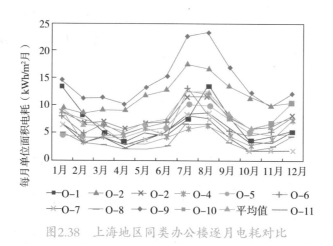

图2.38 上海地区同类办公楼逐月电耗对比

图2.39所示为过渡季时本项目单位面积电耗与这10栋办公楼平均值的差值和下降率，由此可以看出，综合楼在全年各月的单位面积用电量均显著低于同类建筑的平均水平。其中，3月~5月、10月~11月这几个月属于过渡季节，综合楼相比于同类办公建筑的能耗水平降低幅度很大程度上得益于自然通风策略的有效实施。

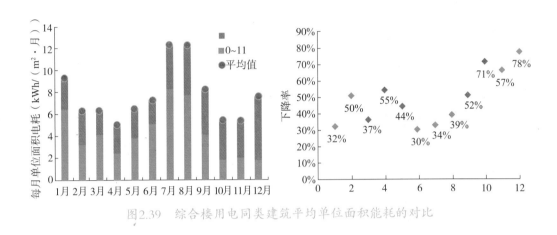

图2.39　综合楼用电同类建筑平均单位面积能耗的对比

2.4
用户调研反馈

2.4.1　问卷调研结果统计

　　绿色办公建筑中室内环境品质也值得关注，使办公楼的使用者满意。为此，通过向综合楼内5楼和6楼的工作人员发放满意度调研问卷，进行人员主观满意度的调查评估。

　　（1）基本信息统计

　　调查共收到63份有效问卷，被调研者的性别、年龄、工作性质和所在办公室性质等信息统计结果如图2.40所示。

　　（2）建筑热湿环境满意度

　　莘庄综合楼使用者对室内热湿环境满意度的统计结果分析均处于较高的水平，结果如图2.41所示，结果表明很多被调研者冬季对室内温度的感受比较适中，没有使用者认为热，极个别认为冷，总体满意度较高。

　　（3）建筑光环境满意度

　　由图2.42可以看出，76%以上被调研者认为办公区域的照度正合适，仅8%的使用者可能位于内区感觉偏暗。

　　（4）建筑声环境满意度

　　由图2.42可以看出，有62%的被调研者认为有轻微声响，有6%认为无声，这与综合楼的办公人员的工作性质有关，被调研者中有54%从事研发咨询工作，需要与服务项目的业主、设计院等单位进行常态性沟通。

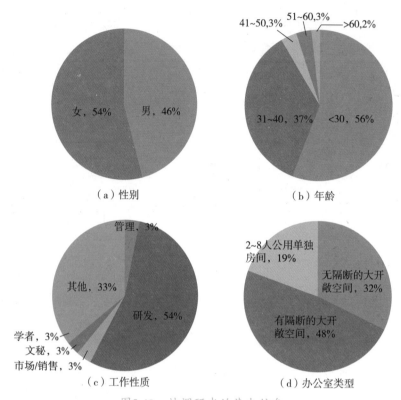

（a）性别　　　　　　　（b）年龄

（c）工作性质　　　　　（d）办公室类型

图2.40　被调研者的基本信息

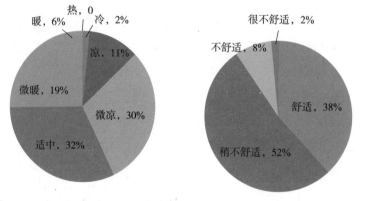

图2.41　被调研者对办公区域的温度感受（左）和冷热感评价（右）

2.4.2　调查问卷与实测结果对比

通过对综合楼的人员满意度问卷调研和现场测试结果进行对比，结果见表2.3。将使用者主观感受与现场测试的主要结果进行对比可得，在热湿环境、风环境、光环境、声环境、室内空气品质等各个方面，室内使用者主观感受与现场实测结果都较为吻合，该项目的实际使用情况良好。

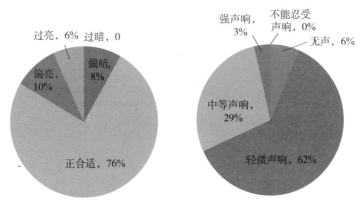

图2.42　被调研者对办公区域的光环境感受（左）和声环境感受（右）

问卷与实测结果对比分析　　　　表2.3

类别	工作人员主观满意度	物理环境参数监测
温度	温湿度适中，保持现状	办公室和会议室均满足设计标准要求（前台除外）
湿度		
光环境	光照合适，局部偏暗	各测点满足要求
声环境	轻微噪声，可接受	办公室和会议室均满足设计标准要求
室内空气品质	通风状况良好，无异味	整体满足要求
总体满意度	总体情况较为满意	满足设计要求

3

苏州工业园区
星海街9号厂房
装修改造工程

3.1 项目简介

3.1.1 工程概况

该项目为苏州设计研究院股份有限公司通过既有建筑改造而成的新办公楼，该项目位于苏州市古城区东，工业园区星海街与机场路交叉口西北侧，如图3.1所示。项目改造前原有建筑为一个生产飞机起落架的单层面积6700m²工业厂房。通过改造，总建筑面积由原来的6700m²改造为13100m²，使土地利用率增加了一倍，将原容纳100人左右的厂房改为可容纳500人左右的办公研发用房。建设项目用地面积18000m²，基底面积6800m²，总建筑面积13100m²，地上2层，局部3层，建筑总高度15.5m，如图3.2所示。本次改造工程总投资2500万元人民币，开发与建设周期为12个月。项目总增量成本为104.21万元，绿色建筑可节约的运行费用32万元，投资回收期为3.25年。该项目于2009年8月开工，2010年4月全面竣工，2010年5月正式投入使用，2011年获得二星级绿色建筑（设计）评价标识、华夏建设科学技术三等奖，2013年1月获得三星级运行评价标识。

图3.1　项目区位图　　　　　　　　图3.2　项目实景图

3.1.2 创新点设计理念

苏州星海街9号地块在整个项目的设计与施工过程中，探索将旧厂房改造为创意研发空间的经验。运用多种技术集成的设计手法，结合多种专利技术和节能措施，对建筑进行本土化绿色设计实践。将生态、节能、经济性与"四节一环保"融入了整个绿色建筑设计的过程，如图3.3所示。项目主要有以下几个特点。

（1）自然通风。借鉴苏州园林文化理念在建筑物中部，增设两个开放式内庭院。运用计算机模拟分析，设计最合理的室内自然通风路径，增加各立面的窗户可开启扇面积，

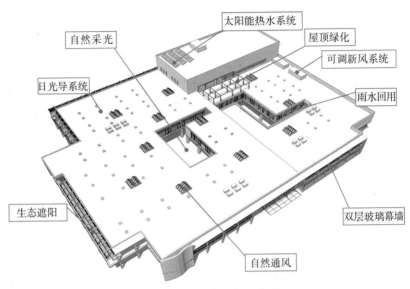

图3.3 项目创新点示意图

并将原屋顶固定天窗改造为电动可开启天窗，以利室内通风和拔风。

（2）自然采光。改造建筑实面外墙，增设落地玻璃窗；通过增设内庭院，改善建筑中部采光；改造原建筑屋顶天窗以利采光，并通过光照度分析在屋顶布置了98套日光照明系统，真正做到室内工作员工能随时体会一片祥云飘过的惬意。

（3）生态遮阳。借鉴苏州园林外廊的意境，在建筑的东、南、西侧，增加露天外廊，上部设置水平和垂直铝合金外遮阳栏杆，并种植爬藤植物，形成植物的水平和垂直双重覆盖型外遮阳；建筑西侧种植大型乔木，遮挡西晒，还设置了部分电动外遮阳。

（4）屋面绿化、场地景观。屋顶种植藤蔓类植物与生态蔬菜，以园林化的布局方式，进行乔灌木的复层绿化，既起到了生态屋面效果，又遮挡了夏日炎热的照射太阳，降低了屋面温度。西北侧种植大型常绿植物，遮挡冬季的西北风；在室外设置透水地面，对场地进行绿色生态补偿，改善小气候环境。

（5）雨水回用。保留原厂区内的大部分给排水管道，设置屋面雨水回用系统，本工程屋顶雨水收集经沉淀、澄清后由变频泵增压后再经过滤供给绿化喷灌、滴灌用水、洗车用水及水景补水。

（6）日光导系统。办公楼采用了98套日光导系统，白天依靠日光导系统可实现办公楼照明零能耗。

（7）可调新风系统。为了更好的节约能源，回收排风部分的能量，全热交换器配有可调节开关，可进行新风量的调节。系统根据房间内的CO_2浓度探头来联动运行。当CO_2浓度高于1000PPM时自动开启全热交换装置补充室内新风,当浓度低于600PPM时关闭全热交换器,实现新风装置的自动调节。

(8)"空心板"楼板。结构新增楼板使用"空心板"楼板,降低混凝土与钢筋使用量。

3.2 运行评价重点结果

3.2.1 节地与室外环境

(1)旧建筑改造。项目改造前原有建筑为一个生产飞机起落架的单层面积6700m²工业厂房,占地面积1.86万m²,厂房结构为钢筋混凝土结构,大部分空间为生产区,层高为8.40m,临星海街局部是办公区,为两层,如图3.4所示。在改造时,设计保留了原有建筑的轮廓和全部结构,利用原有厂房有较高层高的特点,为充分利用原有建筑单层8.40m的特点,在原结构中间加了一层楼板,在原厂房局部14.50m高的空间里,增加了2层楼板,其3层楼面为员工休闲锻炼的健身房和羽毛球场,由原来的6700m²改造为13100m²的绿色生态创意空间,使土地利用率增加了一倍,将原容纳100人左右的厂房改为可容纳500人左右的办公研发用房,如图3.5所示。

(2)复层绿化与透水地面。绿化种植选择易于成活和管理的本地树种,进行乔灌木的复层绿化,做到月月有花,季季有景。在场地西北侧利用下沉篮球场地的土方平衡,堆坡种植大型常绿植物,遮挡冬季的西北风。建筑屋顶上,种植了藤蔓类植物与生态蔬菜,既增加了建筑的保温性能,又为公司提供绿色蔬菜食用,强调色叶乔木与观花观果植物的应用,如图3.6所示。选配植物种类时注重土地的透水性、透气性,强调建筑层面上的垂直与屋顶绿化,对场地硬化部分进行充分的绿色生态补偿,真正实现既有景观效果,又降低

图3.4 改造前立面图　　　　图3.5 改造后立面图

图3.6 屋顶菜园

图3.7 内庭院绿化

图3.8 室外透水地面

热岛效应，改善建筑的小气候环境，如图3.7所示。项目在室外设置透水地面，地面200多个停车位全部采用植草砖铺装，植草砖面积为3657m²，室外透水地面面积比例达到57%。

（3）室外透水地面。室外地面面积12262m²、室外绿地面积4300m²、植草砖面积2657m²、总计室外透水地面面积6957m²、室外透水地面面积比57%，如图3.8所示。

3.2.2 节能与能源利用

（1）围护结构。本项目外墙材料（由外向内）分别为：20mm水泥砂浆+30mm挤塑聚苯板（XPS）+240mm砂加气砌块（B05级）+20mm水泥砂浆。分户墙墙体各层材料（由外至内）：分别为：20mm混合砂浆+240mm混凝土多孔砖砌体+20mm混合砂浆。通过围护结构热工性能的权衡判断以及对空调设备节能量的计算，该工程的全年能耗未超过60%标准参照建筑物的全年能耗，完全满足60%节能建筑的规定。

（2）自然通风。在建筑物中部，增设两个开放式内庭院，如图3.9所示。运用计算机模拟分析，设计最合理的室内自然通风路径，如图3.10所示。增加各立面的窗户可开启扇面积；设置电动可开启天窗。改造前厂房为单层混凝土框架结构，建筑近似80m×80m的一个正方形，中部的采光与通风效果很不理想。改造后在建筑物中部，设置了两个"Z"形的开放式庭院，整个建筑由内至外可以分为三重空间——内庭院空间、办公空间和外廊

图3.9　内庭院

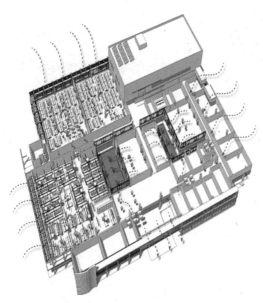

图3.10　通风示意图

休息空间。此设计保证了每个房间都有各自可开启的窗户，改善了建筑整体自然通风条件，使得原本闭塞的厂房，拥有了流畅的空气通道。

（3）自然采光。办公楼采取中庭、导光管与屋顶天窗等自然采光措施。对原有建筑屋顶的11个天窗进行了改造，设置了可开启电动天窗，改善建筑内部的空气流通，同时保证设计空间的照明需要，如图3.11所示。根据办公楼占地面积大、层数少的特点，办公楼照明采用了98套日光照明系统，日光照明系统可通过高效的光导管和带有紫外线滤除功能的透光罩将屋面四周的日光引入室内，建筑内二层的走道、门厅、大开间办公室、会议室等场所白天利用自然采光，基本不需要额外的人工照明，最大限度地节约了照明用电消耗，如图3.12所示。

（a）改造前固定天窗

（b）改造后电动可开启天窗

图3.11　项目改造前后的天窗

（a）光导管系统（室内）

（b）光导管系统（室外）

图3.12　项目室内外光导管系统

（4）外遮阳。办公楼根据外立面设计特点，设置了生态遮阳和可调外遮阳两种遮阳方式。建筑的东、南、西、北4个立面，增设了一圈宽度为2.4m的露天外廊，在二楼形成一圈休息平台。平台上部为铝合金遮阳隔栅，东西立面还增加了竖向木饰遮阳板。种植的攀缘植物可以通过柱子和竖向遮阳，攀爬至顶部的水平金属隔栅上，形成覆盖形生态遮阳，如图3.13所示。在西南一、二层办公室南向窗户采用可调节遮阳百叶，如图3.14所示。

（5）太阳能热水系统。本建筑内健身淋浴器及餐饮厨房有热水需求，全部采用太阳能

图3.13　生态遮阳

图3.14　可调节外遮阳

热水系统供给，利用太阳能产生热水量不低于建筑生活热水消耗量的100%（太阳能资源Ⅲ类地区）。因苏州属于太阳能资源一般区，所以选用高效太阳能集热板产品，设置太阳能预热储热水箱辅助智能即热燃气热水器。根据生活热水需求量，在屋顶铺置了55m²的太阳能集热板，日产热水约3025L，如图3.15所示。

（6）综合建筑能耗。办公楼装有分项计量远传装置，对建筑内各种耗能环节如空调、照明、办公设备和热水能耗等实现独立按部门计量，其信号传送至物业管理用房，物业定期记录，通过数据软件化管理做到能耗可测量，通过分析避免能耗的浪费，如图3.16所示。

图3.15　屋顶太阳能热水器集热板

图3.16　能耗监控系统

通过对全年能耗进行记录、统计分析后，本建筑改造后每月用电量节约近7度/m²/月，建筑设计办公室每月用电量节约近8.6度/m²/月，如表3.1和图3.17所示。

新老两栋办公楼能耗比较（用电量）　　　　表3.1

项目	面积（m²）	用电量（kWh）	用电量（kWh/m²/月）
原办公楼	7000	127907	18.75
改造后办公楼	11000m²	131251	11.628

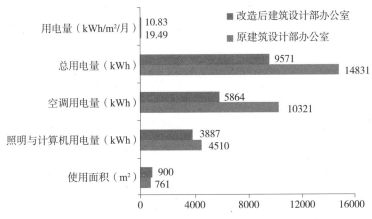

图3.17　建筑设计部办公室能耗比较（用电量）

3.2.3　节水与水资源利用

（1）水系统规划及水量平衡。本项目水系统规划涉及室内水资源利用、给排水系统、室外雨水、污水的排放、再生水利用以及绿化、景观用水等问题。在进行绿色建筑设计前应结合区域的给排水、水资源、气候特点等客观环境状况对建筑水环境进行系统规划，制定水系统规划方案，增加水资源循环利用率，减少市政供水量和污水排放量。

（2）节水喷灌。本项目采用绿化节水灌溉方式，并通过智能化管理系统控制灌溉次数和时间，达到高效节水效果，如图3.18所示。

（3）雨水回用。本项目设置雨水回用系统，利用雨水作为非传统水源，主体建筑屋面雨水收集后经早期弃流井、直接沉淀澄清后由变频泵加压再经过滤用于水景补水、洗车用水、绿化喷灌及微灌滴灌用水。雨水收集水池及雨水回用水加消毒处理，如图3.19所示。设置高位自来水水箱作为备用水源，非传统水源用水即雨水中水回用与相应使用对象进行了水量平衡评估及计算，使投资适当并充分利用。

主体建筑屋面雨水收集后经早期弃流井、直接沉淀澄清后由变频泵加压再经过滤用于

图3.18　节水喷灌

图3.19　雨水系统的室外绿化部分（左）及机房部分（右）

水景补水、洗车用水、绿化喷灌及微灌滴灌用水。雨水收集水池及雨水回用水出水均采用加药消毒处理。设置高位自来水水箱作为备用水源。屋面面积约为5500m²，苏州年降雨量为1100mm，考虑到实际雨水径流及早期弃流等影响因素，雨水收集利用率取80%，按全年降雨量计算可收集雨水回用量为4840m³/年。

以上水景补水、洗车用水、绿化用水作为可以实际利用雨水回用非传统水源，各月份实际雨水需求回用量中洗车用水取平均，水景补水及绿化用水则参照月份平均温度因素变化而得。见雨水月水量平衡图3.20可知，除10月份、11月份外，本项目雨水收集回用系统其他各月份均能够满足用水需求，且雨水收集池调蓄容积350m³，能够满足不足月份用水需求，该设计方案合理可行。

根据用水量估算可得，本项目年用水量为13091m³/a，本项目采用雨水回用技术，收集的雨水经处理后回用于水景补水、洗车用水及绿化用水、雨水利用总量为2891m³/a，综

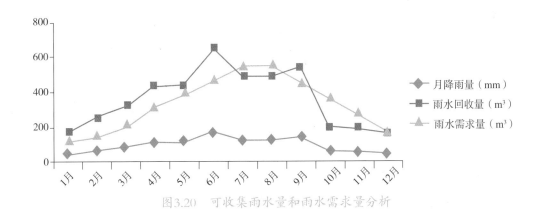

图3.20 可收集雨水量和雨水需求量分析

上可得：本项目的非传统水源利用率为22%。

3.2.4 节材与材料资源利用

（1）建筑外立面装饰性构件。本项目造型简约，所采用的装饰性材料主要有：装饰性墙面处理和装饰性木线条，其中功能性遮阳构件无装饰性材料，不属于装饰性构件，如图3.21所示。

（2）旧建筑利用。建筑结合了苏州的自然条件和既有现状，完全保留了旧厂房95%主体结构，少用6700t混凝土和350t钢材，减少CO_2排放量650t左右。原建筑结构典型柱网10m×10m，框架柱截面500mm×500mm，结构平面布置基本为井字梁，框架主梁为300mm×900mm，交叉次梁为250mm×700mm，楼屋面板厚均为100mm。改造时维持了原有结构体系并加以最大化利用。原有厂房的基础、竖向构件、屋面都予以保留，仅拆除了吊车钢梁及牛腿。新加的二层楼面在结构形式上也几经讨论研究，最后采用现浇混

图3.21 建筑外立面装饰性构件

凝土空心板肋梁楼盖，如图3.22所示。与一般楼板体系比较，钢筋混凝土造价降低5%，模板损耗降低50%，节省竖向水、电、电梯、空调、内墙、外装饰费用10%~15%。

图3.22　改造过程图

（3）土建装修一体化设计与灵活隔断。在美观与实用的基础上，积极遵循可持续发展的原则，在前期设计、材料选择及节能措施等方面都得到了充分体现。前期设计时，通过建筑、设备与室内专业的一系列协调准备工作，使设计一步到位，避免不必要的返工。相关准备工作包括：吊顶系统、给排水系统和天花板内部系统等配合调整设计。另外大部分空间设计为大空间办公，并采用灵活隔断，避免今后重新调整装修时的材料浪费和垃圾产生，如图3.23所示。所有设计部门办公室均安排在同一楼层，减少各部门日常工作中的沟通流线，提高工作效率。

图3.23　灵活隔断

（4）结构体系优化。本工程属于改造项目，从结构设计的初期就对结构体系进行了多次论证，最终确定维持原有结构体系并加以最大化利用的原则。相对于将原有结构全部或者大部分拆除重建，维持原有结构体系不仅节省材料、人工，也减少了对环境的破坏，达到最经济化、最节能化的优化目的。在此原则之下，对原有厂房的基础、竖向构件、屋面

图3.24　保持原厂房主体结构（左）和现浇混凝土空心板肋梁楼盖（右）

都予以保留，仅拆除了吊车钢梁及牛腿。同时对新加二层楼面的结构形式上也几经讨论研究，最后采用了现浇混凝土空心板肋梁楼盖，其相对于普通的混凝土肋梁楼盖，如图3.24所示，其主要优点如下：

1）综合造价低。无梁板的钢筋混凝土定额单价为有梁板的80%，降低了钢筋混凝土单价，同时也降低了楼板钢筋混凝土的总用量。

2）使用功能优良。与明梁框架结构比较，本技术可使空间更开阔美观，实现了真正平板或无次梁平板，无凸出部位，使用更加方便：开孔洞方便、射钉、电锤打孔、吊挂不受影响；防火性能好；自重轻，跨度大，挠度小。

3）节省材料。与一般楼板体系比较，钢筋混凝土造价降低5%，模板损耗降低50%，节省竖向水、电、电梯、空调、内墙、外装饰费用10%~15%。

4）房间无需吊顶。由于楼板下梁、无柱帽完全平整，无需再吊顶，不但提高了房间净空高度，而且节省了吊顶装饰和吊顶更新所需的费用。

5）真正实现空间灵活隔断。房间可任意布置，由于墙体可以移动，办公楼可以随时变更间隔。

6）降低自重。此项技术可降低楼板和建筑物的自重，大大增加了基础承载的安全性和可靠性。在改造项目中也同时减少了竖向构件和基础的加固。

7）提高净空。可降低建筑梁高0.3m，还有利于水平管线、空调管道的安装。

8）抗震性能好。与一般楼板相比自重轻，结构变形小，减轻了地震作用，抗震性能好。

9）隔声效果优良。该楼板的封闭空腔结构大大减少了楼层噪声的传递，克服了上下楼层间的撞击噪声干扰，解决了噪声问题。

10）建筑节能效果显著。此技术的封闭空腔结构减少了热量传递，使隔热、保温性能得到显著提高，对于采用空调的建筑来说，大大降低了空调费用。

11）施工方便，缩短工期。此技术与一般结构相比较，支拆模施工简便、快捷。降低了施工成本，缩短了工期。

（5）可再循环材料利用率。本项目采用的可循环材料如表3.2所示，可循环材料利用率为10.6%。

可循环材料用量表　　　　　　　　　　表3.2

建筑材料种类		体积（m³）	密度（kg/m³）	重量（kg）	可再循环材料总重量（t）	建筑材料总重量（t）
可循环材料	混凝土	2010	1500	3015000	565	5313
	建筑砂浆	38.5	1800	69300		
	水泥	79.5	1700	135150		
	乳胶漆	3.5	1400	4900		
	屋面卷材	8.2	150	1230		
	石材	39	2500	97500		
	砌块	950	1500.	1425000		
循环材料	钢材	52	7850	408200		
	铜					
	木材	68.7	600	41220		
	铝合金型材	5.2	2730	14196		
	石膏制品	41.6	1250	52000		
	门窗玻璃	9.2	2500	23000		
	玻璃幕墙	9.4	2800	26320		

3.2.5 室内环境质量

（1）室内温度。在2015年6月18日，选取四层开敞式办公室，利用温湿度自动记录仪，实时监测该办公室温度变化情况。测试区域空调可独立启停，但测试期间室内温湿度尚在室内使用人员接受范围内，因此测试期间空调并未开启。测试结果如图3.25所示。该公司工作时间为8:30~17:30，从图中可以看出，6月18日测试办公室在工作时间内室内温度在25℃~27℃范围内，满足舒适度要求。

（2）室内相对湿度。在2015年6月18日，选取四层开敞式办公室，利用温湿度自动记录仪，实时监测该办公室相对湿度变化情况。测试期间空调并未开启，测试结果如图3.26所示。从中可以看出，6月18日测试办公室在工作时间内室内相对湿度在50%~65%范围内，满足舒适度要求。

（3）室内噪声环境。在房间门窗关闭且无人情况下，抽取6间房间，检测室内噪声值，结果如图3.27所示，都低于标准要求的≤45dB(A)。

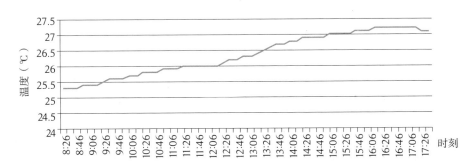

图3.25 工作时间室内温度变化

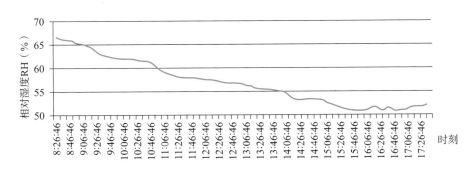

图3.26 工作时间室内相对湿度变化

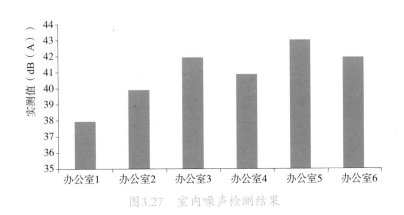

图3.27 室内噪声检测结果

（4）室内光环境。对建筑2层办公室1照明效果进行检测，在隔绝外界光源的情况下，在6个灯具下方，离地0.8m的水平面进行布点检测，同时在光源引入处用辐射表监测当时的太阳辐射，检测结果如图3.28所示，都高于标准要求。

（5）室内CO_2浓度。室内设送排风系统，系统根据房间内的CO_2浓度探头来联动运行。当CO_2浓度高于1000PPM时自动开启全热交换装置补充室内新风，当浓度低于600PPM时关闭全热交换器，实现新风装置的自动调节。在2015年6月18日~6月20日期间，选取4层开敞式办公室，利用CO_2浓度自动记录仪，实时监测该办公室CO_2浓度变化情况，测试结果如图3.29所示。

项目内员工的工作时间为8:30~17:30，从图3.30中可以看出，6月18日测试办公室在工作时间内CO_2浓度在500~710PPM，满足舒适度要求。

从图3.31中可以看出，6月18日测试办公室在工作时间内CO_2浓度在460~750PPM，

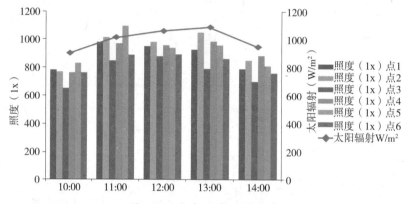

图3.28　室内照度测试曲线

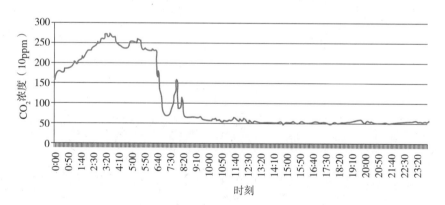

图3.29　全天室内CO_2浓度变化（2015年6月18日）

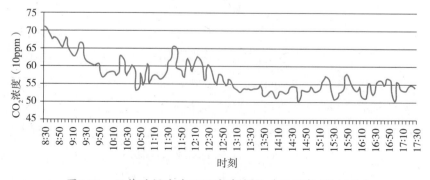

图3.30　工作时间室内CO_2浓度变化（2015年6月18日）

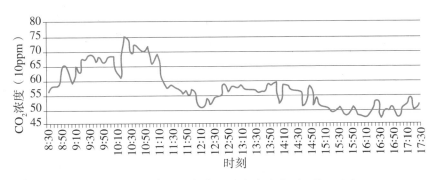

图3.31 工作时间室内CO_2浓度变化（6月19日）

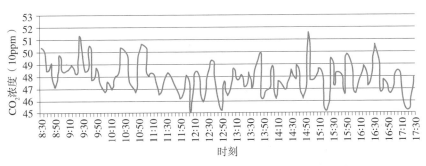

图3.32 工作时间室内CO_2浓度变化（6月20日）

满足舒适度要求。

从图3.32中可以看出，6月18日测试办公室在工作时间内CO_2浓度在450~520PPM，满足舒适度要求。

（6）室内污染物浓度。于2011年4月30日，抽取5间房间，在房间装修完，家具布置后检测室内污染物浓度，结果如表3.3所示。

室内污染物浓度检测结果 表3.3

污染物名称		氨（mg/m³）	氡（Bq/m³）	甲醛（mg/m³）	苯（mg/m³）	TVOC（mg/m³）
限量值		≤0.50	≤400	≤0.12	≤0.09	≤0.60
检出下限		0.01	/	0.01	0.0005	0.0005
检测结果	办公室1	0.15	15	0.10	0.05	0.17
	办公室2	0.14	15	0.09	0.03	0.17
	办公室3	0.14	15	0.06	0.07	0.20
	办公室4	0.14	15	0.06	0.04	0.09
	办公室5	0.14	16	0.06	0.07	0.19

3.3 亮点技术推荐——外廊生态遮阳系统

3.3.1 设计思路详述

改造前厂房外围护结构为无外窗的实体墙，不符合办公建筑空间对自然通风和自然采光的诉求，将外墙改造成大面积透明外围结构形式，同时考虑透明外围的合理遮阳方式，是解决夏季避免阳光直晒和冬季利用阳光照射的有效方法。在对不同遮阳方式反复比较论证后，本工程最终选择外廊生态遮阳系统形式。

外加走廊设计根据建筑要求，新增层周边增设绿色生态外走廊，满足员工日常交流、休闲活动等需要；外走廊完全开敞，屋顶为金属格栅，外侧及顶部均采用绿色植物美化，同时兼作南侧及西侧外遮阳，真正体现了绿色生态建筑的特点，如图3.33所示。

综合结构安全、经济合理、施工便利等因素，外加走廊结构方案的选择尤为重要，东立面入口处利用原1层圆柱延伸至屋面来承2层走廊及屋面廊板和悬挑翻边等。考虑到该部位为入口主立面，结构采用单向板布置，一侧设置悬挑端，另一侧采用8@400植筋与原结构连接；圆柱顶部Y向无拉结，屋面廊板内设置拉结筋，以加强其与主体结构的连接。东立面入口屋面廊板与原结构连接节点如图3.34所示。

图3.33 南立面生态外廊实景图

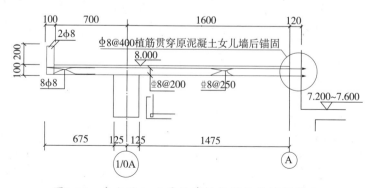

图3.34 东立面入口屋面廊板与原结构连接节点

3.3.2 实际效果分析

在建筑的东、南、西侧，在原有外围护结构基础上，增加了一圈宽度为2.4m的露天外廊，在二楼形成一圈休息平台，上部设置铝合金隔栅外遮阳；建筑立面设置垂直绿化，根据各个季节种植不同植物，加强建筑隔热性能与保温性能。种植爬藤植物，形成覆盖型外遮阳；建筑西侧种植大型乔木，遮挡西晒；建筑的东西立面还增加了竖向木饰遮阳板。种植的凌霄、紫藤等攀缘植物可以通过柱子和竖向遮阳，攀爬至顶部的水平金属隔栅上，形成覆盖形生态遮阳。冬季植物叶子脱落后给室内带来充足的阳光。阳台外围一圈结合景观，还设置了可移动式条形种植槽。西侧外墙增加的绿色攀缘植物也加强了建筑的隔热保温效果，如图3.35所示。

（a）西立面外廊（夏季）　　　　　　　　（b）南立面外廊（夏季）

（c）生态外廊内部（夏季）　　　　　　　（d）办公空间看外廊（夏季）

（e）西立面外廊（冬季）　　　　　　　　（f）南立面外廊（冬季）

图3.35　建筑外廊实景图

在大楼投入使用的过程中，使用者感受到了人性化设计带来的种种好处。舒适和健康的办公条件提高了员工工作效率。设计初期的种种设想都得到了最终的实现，鸟语花香的工作环境让每个人身心都得到了放松。

3.4 用户调研反馈

通过向建筑内部使用者发放调研问卷的方式，对用户使用感受情况进行调查。此次发放调研问卷20份，回收有效问卷17份。

3.4.1 问卷调研结果统计

（1）基本信息统计

如图3.36所示，经统计，被调查者中男性居多，约占82%，女性约占18%；年龄分布30岁以下占59%，30~40岁占35%，其余年龄段占6%。被调查者主要办公地点位于4层，所占百分比分别为88%。被调查人员办公室朝向填写时有4人未填写朝向，可能由于办公室位于内区，难以分辨朝向。填写单一朝向的人中东向最多，占到35%，南向18%，北向12%、东西向6%、南北向6%。办公者所处的办公区域多为公用大开敞空间，其中无隔断的办公室占88%，有隔断的占12%。办公区域位置靠窗的占47%，不靠窗的占53%。

（2）建筑热环境满意度

从图3.37可以看出，绝大多数被调查者感觉办公区域温度适宜，但也有少数人感觉有些偏冷，希望空调温度稍高一些，这由于有的办公桌距离出风口较近，或办公区域晒不到太阳，导致冷感较强。

（3）建筑湿环境满意度

从图3.38可以看出，大多数被调查者感觉办公区域相对湿度适中，仅有12%的被调查者感觉有点潮湿，极少数感觉偏干燥，希望环境更潮湿一些，这是由于苏州地处亚热带季风性湿润气候，多数被调查者无明显干燥感觉，仅有少数希望能稍增加湿度。

（4）建筑光环境满意度

从图3.39可以看出，被调查者普遍感觉办公区域光照强度适中，但也有一定人群感觉亮度不够，希望亮度更强一些，这正与其感觉温度偏低相对应，因为这些办公室难以照到太

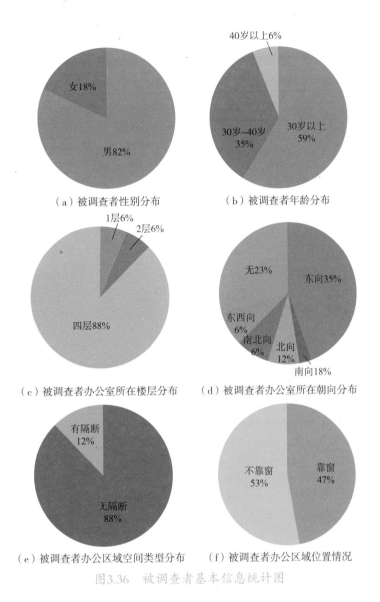

（a）被调查者性别分布 （b）被调查者年龄分布

（c）被调查者办公室所在楼层分布 （d）被调查者办公室所在朝向分布

（e）被调查者办公区域空间类型分布 （f）被调查者办公区域位置情况

图3.36 被调查者基本信息统计图

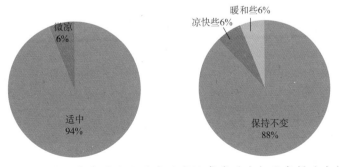

图3.37 被调查者对办公区域温度的感受（左）及期望（右）

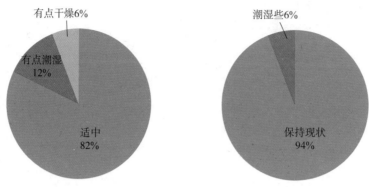

图3.38　被调查者对办公区域湿度的感受（左）及期望（右）

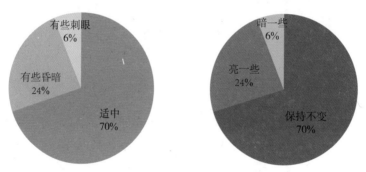

图3.39　被调查者对办公区域光照的感受（左）及期望（右）

阳，故觉得亮度偏暗。仅有少数感觉灯光有些刺眼，原因是座位靠窗，阳光直射而造成的。

（5）建筑风环境满意度

从图3.40可以看出，多数被调查者感觉办公区域有轻微吹风感，也有一部分人感觉无风，仅有少数感觉有明显吹风感，调查结果显示：大多数被调查者希望通风保持现状，仍有一部分人希望加强通风。

（6）建筑声环境满意度

从图3.41可以看出，多数被调查者感觉办公区域有轻微噪声，希望噪声更弱，这是由于有些办公区毗邻街道，会有轻微噪声影响。

（7）建筑空气品质满意度

从图3.42可以看出，多数被调查者对空气品质比较关注，多数人感觉办公区无异味，仅有少数感觉稍有异味。

（8）工作效率影响因素

从图3.43调查结果可以看出，对工作效率的影响由大到小的各因素依次为：温度＞空气质量＞相对湿度＞吹风感＞照度，这也为后续办公环境的进一步改进优化指明了方向。

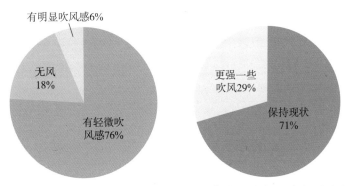

图3.40 被调查者对办公区域风速的感受（左）及期望（右）

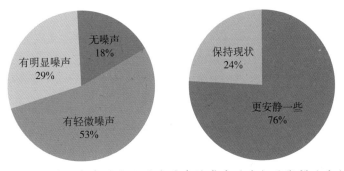

图3.41 被调查者对办公区域噪声的感受（左）及期望（右）

感觉气味	对空气品质的关注度
1.84	2.0
1：无异味	1：非常关注
2：轻微异味	2：比较关注
3：较强的异味	3：一般
4：强烈异味	4：不太关注
5：无法忍受的异味	5：从不关注

图3.42 被调查者感受空气品质及对空气品质的关注度

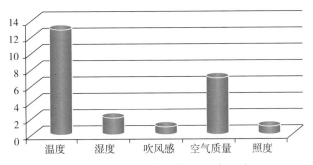

图3.43 影响工作效率的因素调查

3.4.2 问卷与实测结果对比分析

将室内使用者主观感受与现场测试的主要结果进行对比，见表3.4。从对比结果可以看出，在热湿环境、光环境、室内空气品质等各个方面，室内使用者主观感受与现场实测结果都较为吻合。

室内使用者主观感受与现场测试主要对比表   表3.4

类别	室内使用者主观感受	现场测试结果
温度	温度适中，维持现状	温度在25℃~27℃，满足舒适度要求
湿度	室内干燥，希望加湿	相对湿度在50%~65%，下午湿度偏低
光环境	光照适中，保持不变	各处照明基本合理，满足需求
室内空气品质	基本无异味	CO_2浓度在450~750PPM，满足舒适度要求

4

上海申都大厦
改造工程

4.1 项目简介

4.1.1 工程概况

上海申都大厦改造工程位于黄浦区西藏南路 1368号，东面沿街西藏南路，北面与黄浦区半淞园街道社区服务中心相邻，南面和西面与现有的多层居民住宅楼相邻，如图4.1所示。旧址始建于1975年，为围巾五厂漂染车间，1995年改造设计成办公楼。经过近十多年的运行使用，建筑损坏严重，现代设计集团于2008年决定对其进行翻新改造。改造后的项目，如图4.2所示。项目地下一层，地上6层，地上面积为6231.22m²，地下面积为1069.92m²，建筑高度为23.75m，地下一层主要功能空间包括车库、空调机房、雨水机房、水机房、信息机房、空调机房等辅助设备用房，地上一层主要功能空间包括大堂、餐厅、展厅、厨房以及监控室等辅助用房，地上2~6层主要为办公空间以及空调机房等辅助空间。

该项目为高密度城市建筑群中旧工业建筑改造后的再改造工程，通过旧建筑的改造再利用，从而改善了建筑及周边环境，提高了建筑结构的安全性能和围护结构的节能性能，拓展了空间使用功能，完善了机电设备系统，使建筑焕然一新。

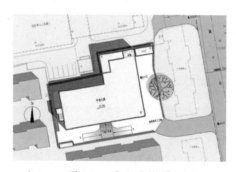 

图4.1　项目区位图　　　　　　　图4.2　项目实景图

4.1.2 创新点设计理念

上海申都大厦改造工程是由现代设计集团自主开发、自主设计、自主建造、自主管理的既有工业建筑绿色化改造工程。项目设计采用了众多绿色节能新技术，如图4.3所示，如自然通风、自然采光、垂直绿化、雨水回用、太阳能热水系统、太阳能光伏发电系统、空气热回收技术、能效监管、智能照明等。

本次改造强调了满足功能、空间形式设计以及可被动适应气候的节能设计、加固设计

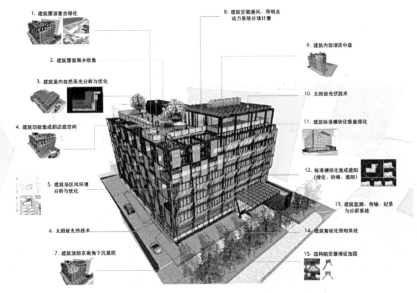

图4.3 项目创新点技术特点

的均衡，强调了扩展立面设计内涵与形象、围护、采光、遮阳、导风、视野的功能整合，强调了基于建筑功能空间特点的机电适用设计，强调策划、设计、施工、运维的全过程绿色实施。

（1）垂直绿化系统。创新性地设计出与建筑一体的垂直绿化系统，既满足隔声、降噪、改善绿化环境、立面效果的基本需求，又兼顾了遮阳、通风、采光、立面效果等物理功能；既创新性地将屋顶空间与屋顶菜园结合，在实现了屋顶保温基本功能的同时，又实现了屋顶绿化，增加了办公人员的活动空间和工作情趣。

（2）富有情趣的"空间改造"与被动式节能技术的结合。通过边庭、中庭的设计，既解决了原有工业建筑空间进深大，室内采光、通风环境不利的条件，又使得每层空间都具有与室外接触的空间，改善工作人员的工作心情和效率。项目设计过程中采用性能化设计方式，充分考虑周边环境的影响，对于自然通风、自然采光、建筑遮阳、围护结构保温进行相关的仿真分析与优化设计，如图4.4所示。

（3）空间设计与加固设计的均衡。项目兼顾空间使用的需求，采用了软钢阻尼器的消能减震加固方案替代框架梁、柱截面加大的传统加固方式，节约混凝土用量约85m^3，相应配筋6.6t，每层可增加4.7m^{2}净面积。

（4）采用"半分散式"空调。采用"半分散式"空调实现"部分时间、部分空间"的室内环境控制方式，既实现低能耗，又获得了出色的室内环境。项目依据设计院办公使用的特点，采用易于灵活区域调节的变制冷剂流量多联分体式空调系统+直接蒸发分体式

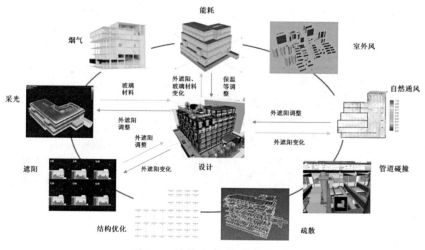

图4.4　性能分析的集成协同

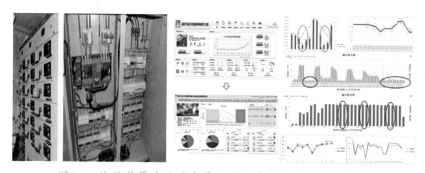

图4.5　能效监管系统的实景及系统诊断优化运行分析图

新风系统（带全热回收装置），并按照楼层逐层布置，厨房及展厅大厅各设置一套系统，易于管理。

（5）依托"能效系统和BA系统"的系统优化运行管理。为了实现项目的高效运行，项目进行了详尽的计量和监测，针对配电系统，项目共安装电表207个，可根据不同空间不同类型的设备用能特点分析，将太阳能光伏系统、太阳能热水系统、雨水回用系统、新风系统、小型气象监测系统的监测参数与分项计量系统集成，并结合BA系统进行设备运行的用能效率分析和优化运行管理，如图4.5所示。

（6）可再生资源的利用。即发即用的非逆流并网型太阳能光伏发电系统。项目采用了1台变压器容量为500kVA，光伏系统采用非逆流并网光伏发电系统，系统总装机功率约12.87kWp，太阳电池组件（单晶硅）面积约84.26m²。太阳电池组件安装在申都大厦屋面层顶部，铝质直立锁边屋面之上。太阳电池组件向南倾斜，与水平面呈22°倾角安装。2014年总发电量占建筑总用电量的3%。

图4.6 废旧材料再利用实景图

（7）废旧材料再利用。整个施工过程成立了专门的绿色施工小组，制定了拆除固体废弃物分类处理办法，按照设计要求所有墙体隔墙材料全部采用废旧砖块或再生轻质混凝土砌块，如图4.6所示。

4.2
运行评价重点结果

项目于2015年1月获得了公共建筑类三星级绿色建筑运行评价标识，本书从中挑选适宜推广的绿色实践经验和做法介绍如下。

4.2.1 节地与室外环境

项目地处上海城区中心地带，周边公共交通十分发达，300m以内的公交站点共有3处，500m以内的地铁站点有2处。项目地下建筑面积为1070m^2，达到首层占地面积的96.7%，地下空间的功能为地下车库和设备用房，虽受层高限制，但因为是建筑改造中的加建部分，利用较为高效。项目合理采用屋顶绿化、垂直绿化等立体绿化方式，绿化物种选择适宜当地气候和土壤条件的乡土植物，通过绿地和部分镂空地面，尽量保证更大的透水地面面积。

（1）旧建筑利用。该建筑原建于1975年，为围巾五厂漂染车间，结构为三层带半夹层钢筋混凝土框架结构，1995年由上海建筑设计研究院改造设计成带半地下室的6层办公楼。经过10多年的使用，建筑损坏严重，难以满足现代集团办公的要求。2008年现代集团开始对其进行绿色化翻新改造，改造后仍作为商务办公楼使用，如图4.7所示。本次改造保留原建筑的空间和结构，主要改造内容包括围护结构节能改造、结构加固改造、机电设备更新改造、可再生能源系统增设改造、配合节能改造的主要立面（东、南）、屋顶改造以及室内功能的装修改造。

图4.7　项目改造前（左）、后（右）实景图

（2）屋顶绿化。屋顶绿化主要包括固定蔬菜种植区145m²，爬藤类种植区7.5m²，水生植物种植区20m²，草坪2.6m²，移动温室种植4.5m²，树箱种植区4m²，果树种植4棵，总绿化面积为164m²，占屋顶可绿化面积比例为30%。

（3）垂直绿化。垂直绿化设于建筑临近南侧居住区南立面区域、建筑沿主干道东立面区域，布置面积分别为东立面绿化面积为346.08m²，南立面绿化面积为319.2m²，共计665.28m²。植物配置按照夏季遮阳冬季透光的原则配置常绿植物（常春藤）50%，落叶植物（五叶地锦）30%、开花植物（月季）20%，垂直绿化系统由支撑钢结构、不锈钢网架、花箱、滴灌系统组成。其中花箱覆土深度为35mm，不锈钢材料采用201亚光材料，东侧网架考虑采光的问题倾角倾斜30°设置，南侧网架垂直设置，如图4.8所示。

项目于2014年6月15日在项目现场进行了垂直绿化遮阳效果的测试。项目采取连续测量，每隔5分钟记录一组数据。图4.9为东侧3楼和6楼外窗测点的温度变化曲线，由图可知3楼外窗的表面温度与6楼外窗的表面温度，最大温差可达2.36℃，出现在11:00~12:00之间。

由以上测试结果可见，3层外窗由于受到垂直绿化遮阳的遮挡影响，外窗外表面温度

图4.8　外立面垂直绿化改造实景图

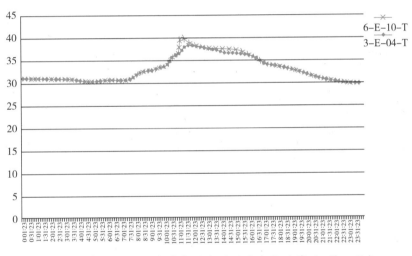

图4.9　东侧3楼和6楼外窗测点的温度变化曲线（6月15日）

会低于6层，模拟分析得到了同样的结果。模拟结论显示3层的夏季外遮阳系数达到0.77，而六层的夏季外遮阳系数只有0.98，遮阳效果在11:00～12:00之间表现明显。

4.2.2　节能与能源利用

（1）围护结构。本项目为既有建筑改造建筑，框架结构，体形方正，其体形系数为0.22。外墙未改造区域沿用原有墙体，改造区域采用与现状等厚的再生混凝土砌块墙体，所有外墙均采用内外保温形式，保温材料为无机保温砂浆，内外各35mm厚，整个外墙平均传热系数达到0.85W/(m²·K)。种植屋面和上人屋面采用80mm厚酚醛复合板保温，传热系数为0.45W/(m²·K)；金属屋面采用0.9mm厚铝镁金属直立锁边屋面板，保温采用150mm厚离心玻璃棉，传热系数可达到0.33W/(m²·K)；东西侧地下室顶板采用100mm

厚离心玻璃棉保温，传热系数可达到0.45W/（m²·K）。玻璃门窗均采用断热铝合金低辐射中空玻璃窗（6+12A+6遮阳型），玻璃传热系数1.8W/（m²·K），整窗传热系数为2.41W/（m²·K），东向、西向、南向、北向外窗综合遮阳系数分别为0.30、0.42、0.50、0.50。

（2）高效能空调。按楼层和房间用途，分别设计变制冷剂流量多联分体式空调加新风系统，如图4.10所示。带全热回收装置的直接蒸发分体式新风处理机组的室内机就近设于当层机房内，冬季采用湿膜加湿。机组的部分负荷性能系数值均超过标准要求，且变制冷剂流量多联分体式空调系统采用变频控制的方式，室外机的能量输出根据室内负荷的变化自动调节。新风机组的风机设备效率高，单位风量耗功率值均达到节能标准要求。

图4.10　项目变制冷剂流量多联分体式空调系统

（3）带热回收的新风系统。项目2~6层采用全新风分体式热回收复合空调机组，两种容量分别为4000m³/h（服务3、4、6层）和3600m³/h（服务2、5层），机组所采用的板翅式全热回收装置主要技术参数为制冷全热回收效率为65%，制热温度回收效率为70%，均满足《空气－空气能量回收装置》GB/T21087—2007的要求，如图4.11所示。根据技术分析可知上海地区新风系统主要可用于6~9月以及11~3月，预期每年夏季运行节约

图4.11　项目带全热回收装置的直接蒸发分体式新风系统

5278.1kWh，冬季运行节约5711.4kWh。

（4）节能高效照明。项目一般场所照明光源采用T5系列荧光灯或其他节能型灯具，荧光灯均配置电子镇流器，单灯功率因数不小于0.95；局部区域采用LED灯具，包括楼梯间、各楼层走道等公共区域、餐厅、6层办公室以及地下车库。各主要功能空间照明功率密度值均低于国家标准《建筑照明设计标准》GB 50034规定的目标值。同时项目公共空间、卫生间、大堂及6层办公走廊采用智能照明控制系统，控制方式包括光感、红外、定时及远程控制；会议室结合内置程序控制，设置多种建筑灯光开启方式，如图4.12所示。

图4.12　项目节能高效智能照明系统

（5）太阳能光伏发电系统。项目采用了1台变压器容量为500kVA，采用非逆流并网太阳能光伏发电系统，光伏发电系统总装机容量为12.87kWp，采用单晶硅电池组件，组件总面积约为84.26m^2，如图4.13所示。太阳电池组件安装在铝质直立锁边屋面之上，正南向布置，与水平面成22°倾角安装。

图4.13　项目太阳能光伏发电系统

太阳能光伏发电系统2014年全年发电量为12233kWh，单位装机容量发电量为0.96kWh/Wp，接近设计值1.04kWh/Wp。全年发电量占总用电量的3%，如图4.14所示。发电量基本与太阳能辐照总量的变化基本一致，此外根据总发电量与总辐照量的关系

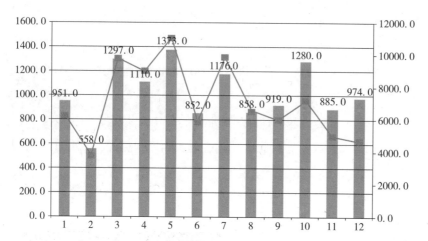

图4.14　2014年太阳能光伏系统逐月发电量（柱状图）和建筑总用电量（带连接线散点图）（单位：kW·h）

可见，太阳能光伏发电系统的年平均光伏转换效率约为15％，达到设计15％的设计效率。

项目光伏系统整个建造成本为45万元，如果按照1元/1度电计算，以2014年完整一年的发电量12233kWh计算，一年回收成本12233元，即静态回收期为36.8年。综合太阳能光伏系统成本的降低，目前系统造价约为10元/Wp，结合上海申都大厦的运行情况，太阳能光伏系统在上海已具备较好的推广应用价值。

（6）太阳能热水系统。太阳能热水系统设置以太阳能为主、电力为辅的蓄热太阳能集中热水系统供应热水。太阳能热水系统为厨房、卫生间等提供热水，热水用水量标准5L/人/d(60°C)。按太阳能保证率45％，热水每天温升45℃，安装太阳能集热面积约66.9m²。采用内插式U型真空管集热器作为系统集热元件，安装在屋面，如图4.15所示。

（7）整体能耗。项目整体运行能效较高，全年用电量低于上海市同类型空调系统的同类建筑合理用能水平的50％，先进用能水平的25％。2013年、2014年两年总能耗水平见表4.1。

图4.15　项目太阳能热水系统

年份	内容	365日，全时段	248个工作日，工作时间（8:00～18:00）	综合办公建筑的用能指标合理值	综合办公建筑的用能指标先进值
2013	总用电量	443993kWh/a	281573kWh/a	120kWh/（m²·a）	83kWh/（m²·a）
	单位面积（包括地下室面积）用电量	60.8kWh/（m²·a）	38.6kWh/（m²·a）		
2014	总用电量	461382kWh/a	301084kWh/a		
	单位面积（包括地下室面积）用电量	63.2kWh/（m²·a）	41.2kWh/（m²·a）		

2013年、2014年两年总用电耗汇总表　　　　表4.1

2014年（截至2014年12月31日）总用电量为449149kWh/a（已扣除太阳能光伏系统发电量），单位面积（包括地下室面积）用电量为61.5kWh/（m²·a），人均用电量为1175.8kWh/（人·a），如图4.16所示。

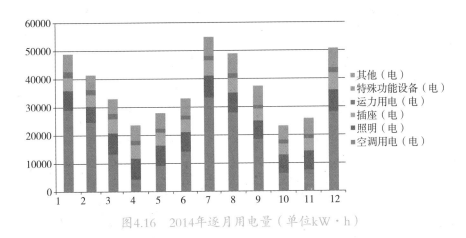

图4.16　2014年逐月用电量（单位kW·h）

空调、照明、插座用电量最大，分别占到47%，18%和12%，如图4.17所示。空调单位面积能耗为29.6kWh/（m²·a），其中VRF系统室内循环风的室外机所占能耗最高，约为VRF系统室内循环风的室内机的9倍，如图4.18所示；空调用电量与室外平均温度呈现了较为密切的相关性，最高能耗出现在1月和7月，最低能耗出现在4月和10月，最高值与最低值相差约7.5倍；照明单位面积能耗11.5kWh/（m²·a），主要为一般照明所产生的能耗，约占其用电的93%；插座单位面积能耗7.8kWh/（m²·a）；其他能耗较高的部分主要为厨房用电、电梯和给排水系统的水泵等动力能耗，如图4.19所示。

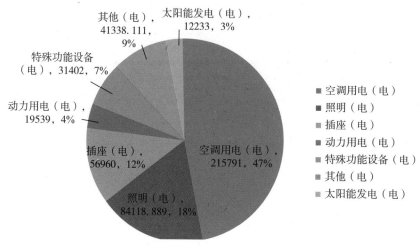

图4.17 2014年分项用电量特征（单位kWh）

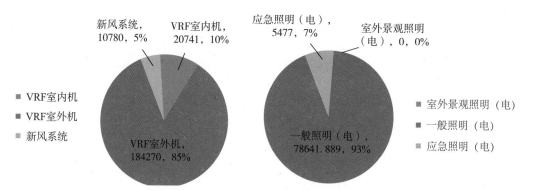

图4.18 2014年空调（左）和照明（右）分项用电量（单位kWh）

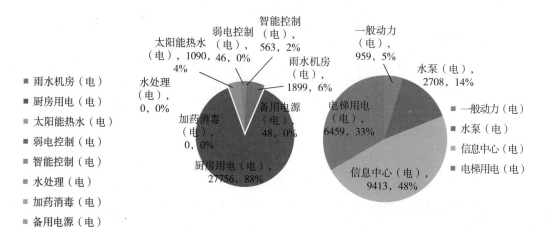

图4.19 2014年特殊功能（左）和动力（右）分项用电量（单位kWh）

4.2.3 节水与水资源利用

项目采取有效措施避免管网漏损，选用节水器具，绿化灌溉采取节水高效灌溉方式，其中屋顶菜园采用微喷灌系统，挂壁式模块绿化采用程控型滴灌系统。项目按用途设置用水计量水表，将热水、雨水补水、消防用水、厨房用水、卫生间用水分别进行计量，可满足分项计量、雨水漏损、用水量分析的技术要求。

（1）雨水回用系统。项目雨水回用系统按照最大雨水处理量25m³/h进行设计，收集屋面雨水，屋面雨水按不同高度的屋面，不同的划分区间设置汇水面积，设置重力式屋面雨水收集系统，之后以物化处理方法为主要工艺将雨水处理后主要用于室外道路冲洗、绿化微灌系统、楼顶菜园浇灌。系统安装了美国HACH电子水质监测仪，自动监测余氯含量、浊度NTU，根据测量值与设定值的差异控制相应的设备，确保水质满足相关标准要求。室外红线内场地、人行道等尽可能通过绿地和透水铺装地面等进行雨水的自然蓄渗回灌。2013年雨水用水量占总用水量的22%，楼顶浇灌、垂直绿化和道路冲洗分别占83%、8%和9%，具体见图4.20和见图4.21。

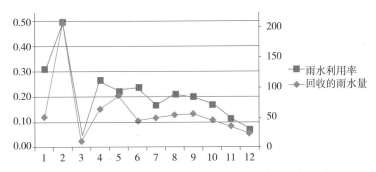

图4.20 2013年雨水利用率的变化曲线（逐月）（全年比率：22%）

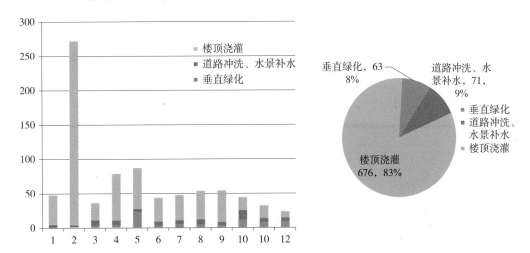

图4.21 2013年雨水各用途的逐月用量及比例

项目整个雨水系统的建造成本为63.5万元，2013年的运行电耗分别为2899kWh，经济分析如表4.2所示。其中电价为1.225元/kWh，水价为5.19元/m³。由表格可见，项目雨水系统投资无法通过节约用水从而回收成本。

经济分析表   表4.2

耗电量	雨水利用节约的水量	耗电费（元）	节约水费（元）	节约成本（元）/年
2899kWh	711m³	3551.3	3690.1	138.8

（2）整体水耗。项目2013~2014年用水运行情况见表4.3。其中厨房用水量指标与设计值较为接近，盥洗用水由于使用了节水器具用水量指标低于设计值，2013年和2014年项目的盥洗用水量约为8.9L/（人·班）和10.7L/（人·班），低于平均日节水用水定额指标的下限（25~40L/人次）50%以上。

2013~2014年用水运行情况计算值与实际值对照表   表4.3

内容	计算值	2013年（251工作日）382人工位数	2014年（225/249工作日）382人工位数
总用水量（m³）	2371.8	3292	2666
盥洗用水	25L/（人·班）	8.9	10.7
厨房用水	15L/（人·次）	11.9	15.9

4.2.4 节材与材料资源利用

（1）软钢阻尼器。上海申都大厦的消能减震措施采用了软钢阻尼器的消能减震加固方案，阻尼器的个数为12组，主要布置在层间变形较大的两个混凝土楼层（3、4层）如图4.22所示。阻尼器加固主要从以下两个方面减少传统加固工程量：①减少柱截面增大量，节约混凝土用量约85m³，相应配筋6.6t；②减少主要框架梁的加固工程量，减少总量约4t。阻尼器加固较传统加固法节约混凝土约85m³，折合每层增加净面积约4.7m²，总计增加净建筑使用面积约33m²。

（2）灵活隔断。改造后的项目包括地下1层~地上6层。地下1层主要功能空间包括车库、空调机房、雨水机房、水机房、信息机房、空调机房等辅助设备用房。地上1层主要功能空间包括大堂、餐厅、展厅、厨房以及监控室等辅助用房；地上2层~6层主要为办公空间以及空调机房等辅助空间；地上2层~6层的办公空间主要采用了大空间办公，并且采用了玻璃材料、石膏板隔断等灵活隔断方式，如图4.23所示。除5、6层做了吊顶处理外，

图4.22 软钢阻尼器实景图

图4.23 玻璃材料、石膏板隔断等灵活隔断方式的实景图

其他空间基本未做吊顶处理。可变换功能室内空间采用灵活隔断的比例为95.88%。

（3）可再循环材料。本次改造除原有结构加固之外，其他新增结构主要以钢结构为主，如屋顶太阳能光伏、光热支架、天窗、垂直绿化支撑结构、西侧钢楼梯、雨篷等，如图4.24所示。在内部装修上，一方面大量采用大开间办公减少装修材料的使用，另一方面大量使用了可再循环材料作为灵活隔断，如玻璃隔断、石膏板隔断等形式。土建工程（包括结构加固工程、新增钢结构工程、门窗工程等）、装修工程中可循环材料总重量占建筑材料总重量的比例为24.31%。

图4.24 新增各类结构

4.2.5　室内环境质量

项目改造前空间进深大，室内采光、通风环境不利，针对室内采光不足的特点，采取主要技术措施是包括南侧退台形成边庭减少南北进深，增大南侧、东侧立面门窗比例，采用高透型低辐射中空玻璃，设置中庭，采用大空间以及玻璃隔断，并增设建筑穿层大堂空间等方式，极大地提高室内采光水平，同时也考虑垂直绿化、外遮阳以及周边建筑对于室内采光的影响，如图4.25（左）所示。通过边庭、中庭的设计，既解决了原有建筑的限制条件，又使得每层空间具有与室外接触的空间，提高工作人员的工作心情和效率，如图4.25（中）所示。在自然通风改善方面，对于西南侧，采用主要技术措施包括南侧退台形成边庭减少南北进深，增大可开启面积促进该区域的穿堂风效果，对于东北侧，采用主要技术措施包括设置中庭、可开启天窗、设置1层东南侧立转门，形成中庭拔风效果，改善公共交通空间的自然通风效果，如图4.25（右）所示。

图4.25　中庭（左）、大空间办公空间（中）、入口大厅（右）实景图

项目针对不同朝向和位置采用了不同的遮阳方式。针对东侧、南侧，在外部钢桁架架构体系间设置种植槽，种植藤本植物，其中落叶类植物与常绿植物配比率达到1：1，使得绿化墙夏密冬疏，实现夏季提供遮阳冬季优化采光的效果。高层6层的南侧、东侧采用了水平式活动织物外遮阳，织物颜色选择浅色的白绿条纹，可更好地反射太阳辐射。当活动遮阳使用时，并不影响视野，并减少对于采光的影响。针对中庭天窗设置水平活动遮阳卷帘，采取电动控制方式，有效减少夏季负荷，降低空调能耗，如图4.26所示。

（1）室内热湿环境。项目于2013年11月4日上午9:40至11月6日上午9:45，根据过渡季节（非空调时期）室内（2层、6层）的热湿环境进行了测试，测试结果表明2、6层的APMV分别为-0.33和-0.29，根据《民用建筑室内热湿环境评价标准》GB/T 50785-2012的非人工冷热源热湿环境评价等级表可知该办公建筑的室内热湿环境等级为Ⅰ级。根据大样本问卷调查的结果也可以看出2、6层的实际热感觉AMV分别为0.06、0.15，也说明室内热湿环境属于Ⅰ级，见表4.4。综合来看，该办公建筑的室内热湿环境属于Ⅰ级。

图4.26　天窗（左）和6层活动外遮阳（右）实景图

室内环境参数及APMV　　　　表4.4

测试楼层	空气温度（℃）	风速（m/s）	相对湿度（%）	平均辐射温度（℃）	PMV	APMV	AMV	等级
2层	22.6	0.04	46.6	21.8	−0.41	−0.33	0.06	I 级
6层	22.8	0.04	45.6	22.5	−0.35	−0.29	0.15	I 级

　　1~6层室内大空间都安装了温湿度远程监测装置，由图4.27可知1层大厅冬季偏冷平均在12℃~14℃之间，主要原因用于过渡季的自然通风中庭通风系统冬季底层存在冷风渗透，其他空间可以满足室内温度舒适度要求。夏季室内相对湿度稍微偏高，7~9月平均超过60%，1层、6层平均超过70%，冬季室内相对湿度偏干燥，25%~40%之间。

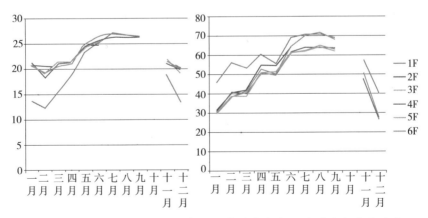

图4.27　2014年1~6层室内大空间温度（左）与湿度（右）变化曲线

　　（2）室内光环境。项目依据《绿色建筑检测技术标准》CUSU/GBC05-2014对于室内平均照度、照明功率密度、统一眩光值抽检，结果表明全部满足设计要求。如表4.5和表4.6所示。

　　（3）室内声环境。项目中室内风机盘管噪声和室外交通噪声对室内的综合效果为

室内平均照度检测结果   表4.5

序号	功能区编号	功能区类型	测点数	实测平均照度（lx）	设计照度（lx）	实测值/设计值	结果判定
1	-1-1 B-8水泵房	泵房	15	108	100	108%	合格
2	1-1 F1-9门厅	门厅	10	285	300	95%	合格
3	1-2 F1-7餐厅	餐厅	20	216	200	108%	合格
4	1-3 F1-10 安保控制室	一般控制室	5	327	300	109%	合格
5	3-1走廊	走廊	5	110	100	110%	合格
6	3-2 F3-1男卫生间	卫生间	5	103	100	103%	合格
7	3-3 F3-5空调机房	空调机房	5	108	100	108%	合格
8	4-1 F4-9会议室	会议室	5	329	300	110%	合格
9	5-1 F5-12领导办公室	办公室	5	301	300	100%	合格

备注：功能区标注规则：例如编号-1-1表示地下1层抽检的第一处功能区

统一眩光值检测结果   表4.6

序号	功能区编号	功能区类型	实测统一眩光值	设计统一眩光值	结果判定
1	2-1 F2-10第一工程事业部	办公室	18	19	合格
2	2-2 F2-13监理所	办公室	18	19	合格
3	3-1 F3-6会议室	会议室	17	19	合格
4	3-2 F3-10酒店咨询主管	办公室	18	19	合格
5	4-1 F4-9会议室	会议室	17	19	合格

49dB(A)。经实测，室内开敞办公区及会议室内噪声均<45dB（A），满足《民用建筑隔声设计规范》中会议室内允许噪声标准中≤45dB(A)的低限要求。单间办公室内噪声均<40dB（A）办公室内允许噪声标准≤40dB(A)的低限要求。

（4）室内空气品质。项目依据《室内空气质量标准》GB/T18883-2002对于14个抽样房间包括甲醛、氨、TVOC、苯、CO_2、PM10等参数进行了测试，测试结果都满足标准要求，见表4.7和图4.28。

室内空气品质检测结果1   表4.7

一、检验结果

序号	测点位置	甲醛（mg/m³）		氨（mg/m³）		TVOC（mg/m³）		苯（mg/m³）	
	指标	测试值	平均值	测试值	平均值	测试值	平均值	测试值	平均值
1	1F大开间	0.01	——	0.04	——	0.32	——	<0.01	——

续表

一、检验结果

序号	测点位置	甲醛（mg/m³）		氨（mg/m³）		TVOC（mg/m³）		苯（mg/m³）	
		测试值	平均值	测试值	平均值	测试值	平均值	测试值	平均值
2	1F大开间	0.01	——	0.04	——	0.23	——	<0.01	——
3	1F食堂	0.03	——	0.04	——	0.41	——	<0.01	——
4	2F运营部总监办公室	0.04	——	0.03	——	0.25	——	<0.01	——
5	3F办公区	0.02	——	0.6	——	0.23	——	<0.01	——
6	3F办公区	0.02	——	0.04	——	0.24	——	<0.01	——
7	3F办公区	0.02	——	0.04	——	0.17	——	<0.01	——
8	3F会议室	0.02	——	0.03	——	0.31	——	<0.01	——
9	4F改造所所长办公室	0.04	——	0.04	——	0.52	——	<0.01	——
10	5F财务室	0.07	——	0.03	——	0.40	——	<0.01	——
11	5F财务室	0.01	——	0.07	——	0.49	——	<0.01	——
12	6F大会议室	0.04	——	0.04	——	0.13	——	<0.01	——
13	6F大会议室	0.05	——	0.03	——	0.24	——	<0.01	——
14	6F办公室	0.03	——	0.04	——	0.04	——	<0.01	——
标准值（≤）		1h均值0.10		1h均值0.20		8h均值0.60		1h均值0.11	

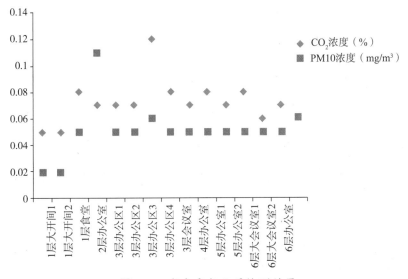

图4.28　室内空气品质检测结果

亮点技术推荐——屋顶菜园

4.3.1 设计思路详述

屋顶菜园是一种绿化景观系统或农业耕种系统，主要设备包括土壤、植物和浇灌系统。申都大厦屋面设有屋顶菜园，主要包括固定蔬菜种植区145m²，爬藤类种植区7.5m²，水生植物种植区20m²，草坪2.6m²，移动温室种植4.5m²，树箱种植区4m²，果树种植4棵，如图4.29所示。

蔬菜种类包括丝瓜、大番茄、茄子、玉米、黄瓜、荠菜、花生等15种。屋顶花园所设的植物分别为胡柚、芦苇、马鞭草、常春藤等本土植物。

蔬菜种植土深度不小于25cm，果树土壤深度不小于60cm。蔬菜种植土壤采用轻质营养土。蔬菜种植区采用渗灌及微喷两种浇灌方式，果树种植区采用涌泉式灌溉，绿化灌溉均采用收集来的雨水。

图4.29 屋顶绿化改造的实施实景图

4.3.2 实测效果分析

（1）作物管理措施

从安全角度，屋顶菜园主要关注植物或作物生长是否正常，土质是否正常，滴灌系统末端出水是否正常。从舒适角度，主要关注景观环境效果；从效率角度，主要体现在用水量指标。为了保障屋顶菜园的正常运作，制定相适宜的日常管理办法，如下：

①蔬菜种植土壤应用轻质营养土；

②蔬菜种植土深度不小于25cm，果树土壤深度不小与60cm；

③定期检查灌溉和排水系统；

④及时清理排水口杂物，防止水道堵塞与泥土流失；

⑤栽植完毕后应清理现场，做到整洁完美；

⑥对受伤枝条或原修剪不理想的进行复剪；

⑦种植苗木的本身应保持与地面垂直，不得倾斜（特殊要求苗木除外）；

⑧雨后及时松土，增加土壤透气性；

⑨保持土面湿润及时清理落叶，防止风灾扬尘与飘落物；

⑩栽植后，乔木和大灌木均应用支架加固并用草绳或麻布卷干，一次浇足水；

⑪每月适宜栽种的蔬菜可按如表4.8所示。

每月适宜栽种的蔬菜表　　　　　　表4.8

序号	菜名	月份												生长天数	株行距（cm）
		1	2	3	4	5	6	7	8	9	10	11	12		
1	丝瓜		■	■	■	■	■	■						80~90	90
2	大番茄		■	■				■		■	■	■	■	90~120	60
3	茄子		■	■	■	■	■	■						80~150	60
4	朝天椒		■	■	■	■	■	■						80~150	60
5	黄瓜		■	■	■	■	■	■	■					80~120	10~20
6	荠菜		■	■	■	■	■	■	■	■	■			40~70	30
7	娃娃菜		■	■	■	■	■	■	■	■	■	■		20~80	10~20
8	莴苣		■	■	■	■	■	■	■	■	■	■		90~120	20~30
9	紫色生菜		■	■	■	■	■	■	■	■	■	■		40~85	30~45
10	樱桃萝卜		■	■	■	■	■	■	■	■	■	■		25~60	10
11	普通生菜		■	■	■	■	■	■	■	■	■	■		40~85	30~45
12	奶油生菜		■	■	■	■	■	■	■	■	■	■		40~85	30~45
13	茼蒿		■	■	■	■	■			■	■	■	■	40~60	8
14	菠菜		■	■						■	■	■	■	60~80	10~20
15	西葫芦		■	■	■	■	■	■						60~90	60

（2）日常管理措施

上海申都大厦的屋顶菜园日常管理实施责任田分包制，即由入住单位的一个部门或小组或个人承包，承包人负责菜地的耕种、维护和收割，这种模式不仅增加了工作人员的生活情趣，而且节约了专业维护所需的维护成本，效果非常好，如图4.30~图4.32所示。

图4.30　上海申都大厦屋顶菜园的日常维护

图4.31　上海申都大厦屋顶菜园的全景

图4.32　上海申都大厦屋顶菜园的主要蔬菜

4.4
用户调研反馈

2013年12月项目单位请清华大学对用户的使用感受进行了问卷调查，此次共收回有效问卷53份。

4.4.1 问卷调研结果统计

（1）基本信息统计

如图4.33所示，经统计，被调研中男女比例相当，其中男性占52%，女性占48%；年龄分布主要集中在30~50岁之间，其中30岁以下占27%，30~40岁之间占48%，41~50岁之间占19%，被调查者的工作性质主要以设计和设计管理为主，分别占34%和45%，被调查者的办公室主要有4种类型，调查的比例相当，分别是无任何隔断的大开敞空间占41%，有隔断的大开敞空间占32%，2~8人共用单独房间占19%，单人房间占8%。

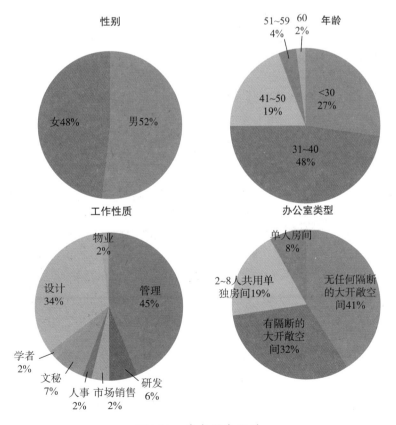

图4.33 基本信息汇总

（2）热环境满意度

从图4.34可以看出，全年各季的满意程度都超过了50%，春秋季最好，占到79%，冬季次之，占到57%，夏季最差，占到55%。调查研究得知：主要不满意的方面包括大堂热风下不来、夏季靠近窗口过晒、冬季热风不足站起来才感到暖风、头热脚冷等。

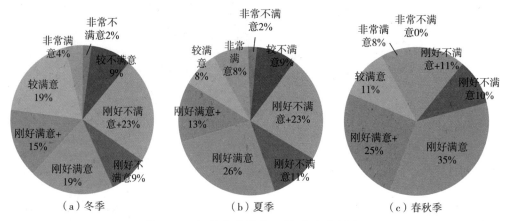

图4.34　全年各季的热环境满意度调查

（3）光环境满意度

从图4.35可以看出，全年各季的满意程度都非常高，冬季最好，满意占到88%，夏季次之，满意占到83%，春秋季再次，占到79%。调查研究得知主要不满意的方面包括自然光太强、有点刺眼伤眼、西晒时直接照到屏上有反光等。

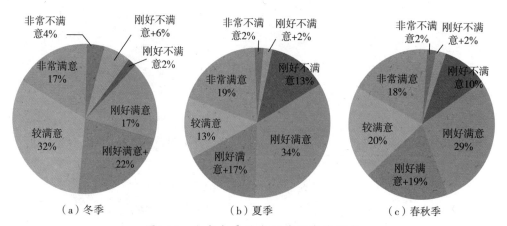

图4.35　全年各季的光环境满意度调查

（4）声环境满意度

从图4.36可以看出，全年各季的满意程度都较好，超过60%，其中冬季和夏季满意占到64%，春秋季占到63%。调查研究得知主要不满意的方面包括靠马路噪声太大、缺少隔

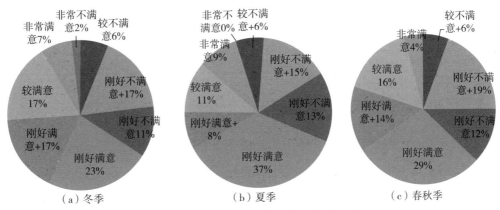

（a）冬季　　　　　（b）夏季　　　　　（c）春秋季

图4.36　全年各季的声环境满意度调查

断，工位间声音干扰较大等。

（5）空气品质满意度

从图4.37可以看出，除夏季外，其他季节的空气品质满意度都较高，冬季满意占到60%，春秋季满意占到60%，夏季满意仅占到44%，调查研究得知，主要不满意的方面包括空气不新鲜、室内环境中空气流通不畅、干燥、有烟味等。

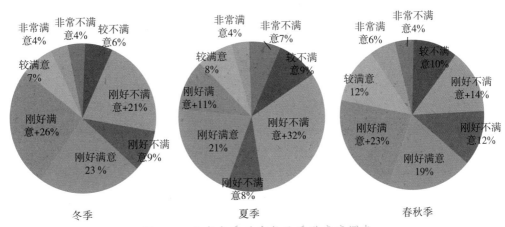

冬季　　　　　夏季　　　　　春秋季

图4.37　全年各季的空气品质满意度调查

（6）总体环境满意度

从图4.38可以看出，全年各季的满意程度都较好，超过70%，其中春秋季满意占到73%，夏季满意占到72%，冬季满意占到70%。

（7）工作效率满意度

从图4.39可以看出，被调查者工作效率满意度整体较好，98%都实现了满意，平均满意程度达到3.5（5为满分），即75分。

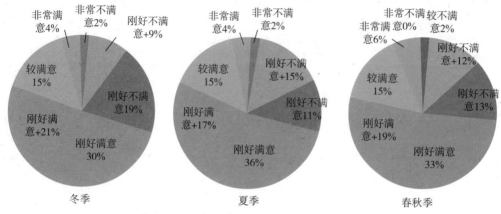

图4.38　全年各季的总体环境满意度调查

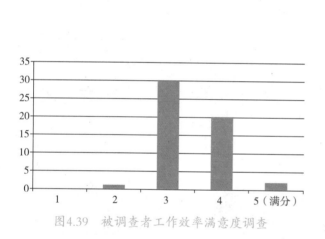

图4.39　被调查者工作效率满意度调查

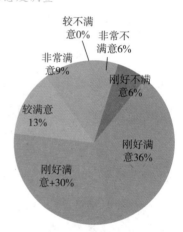

图4.40　被调查者对大楼的总体运行维护情况的满意度调查

（8）对大楼的总体运行维护情况的满意度

从图4.40可以看出，被调查者对大楼的总体运行维护情况的满意程度较高，满意比例占到88%。

4.4.2　问卷与实测结果对比分析

问卷调研与实测结果对比总结如表4.9所示。由问卷调研结果与现场实测主要结果进行对比可知，该项目的室内环境总体较为满意，对大楼的总体运行维护情况满意度较高，但由于使用者主观感受不同，局部空间还存在通风不畅、靠近马路噪声较大、热湿环境不满意、冬季制热效果不足（偏干燥）等问题，仍然存在改进的空间，须要针对现场实际的工位布置情况对于空调新风系统优化再调试，并对门窗的气密性改进，加强日常的维护管理和使用者的绿色行为引导，如加强空调采暖期门窗开关管理、杜绝公共环境吸烟行为等。

室内使用者主观感受与现场测试主要结果对比表　　　　　表4.9

类别	室内使用者主观感受	现场测试结果
热环境	全年各季的满意程度都超过了50%，春秋季最好占到79%，冬季占到57%，夏季最差占到55%。主要不满意的方面包括大堂热风下不来、夏季靠近窗口过晒、冬季热风不足站起来才感到暖风、头热脚冷、冬季室内环境空气中干燥等	过渡季节（非空调时期）室内（2层、6层）的测试结果表明2、6层的APMV分别为−0.33、−0.29；1~6F室内大空间温湿度远程监测装置显示1层大厅冬季偏冷平均在12℃~14℃之间，其他空间可以满足室内温度舒适度要求，夏季室内相对湿度稍微偏高，7~9月平均超过60%，1F、6F平均超过70%，冬季室内相对湿度偏干燥，25%~40%之间
声环境	全年各季的满意程度都较好，超过60%，其中冬季和夏季满意度占到64%，春秋季占到63%。主要不满意的方面包括靠马路噪声太大、缺少隔断、工位之间声音干扰较大等	室内风机盘管噪声和室外交通噪声对室内的综合效果为49dB(A)。经实测，室内开敞办公区及会议室内噪声均<45dB（A），满足《民用建筑隔声设计规范》中会议室内允许噪声标准中≤45dB(A)的低限要求。单间办公室内噪声均<40dB（A）办公室内允许噪声标准≤40dB(A)的低限要求
室内空气品质	除夏季外，其他季节的空气品质满意度都较高，冬季满意度占到60%，春秋季满意度占到60%，夏季满意仅占到44%，主要不满意的方面包括空气不新鲜、室内环境中空气流通不畅、有烟味等	14个抽样房间包括甲醛、氨、TVOC、苯、CO_2、PM10等参数进行了测试，测试结果都满足标准要求

5

莆田万达
广场项目

5.1 项目简介

5.1.1 工程概况

莆田万达广场是由莆田万达广场有限公司开发建设的商业建筑项目，位于莆田市城厢区霞林街道荔华东大道和荔城南大道交汇处，东邻荔城南大道与沟头小区，北靠荔华东大道和人民政府办公大楼，南临莆糖社区，北靠宏基现代城，如图5.1所示。莆田万达广场为"一街带多楼"的商业规划模式，规划用地面积为53166.88m²，总建筑面积为193500m²，其中地下建筑面积75000m²。项目于2011年7月6日正式动工，其中购物中心已于2012年12月15日正式对外营业。广场现拥有1100个停车位。建成后的莆田万达广场已成为莆田城市文化和时尚消费的中心和地标，如图5.2所示。

图5.1 项目区位图　　　　　　图5.2 项目鸟瞰图

5.1.2 创新点设计理念

项目在规划、设计、施工、运行整个过程中，遵循"四节一环保"的理念，根据项目的实际特点，采用了多种经济有效的绿色建筑技术，如图5.3所示，并将其有效结合在一起。

（1）良好的交通组织。合理组织交通流线，尽量做到人车分流。沿商业广场周边设置停车及落客区，并把车库设置在地下，减少人流和车流的交叉。商业货流部分主要设置在地下，地上货流使用时间尽量与人流错开。同时，项目周边便捷的公交站点设置，鼓励人们采用公共交通出行，降低交通能耗。

（2）复层绿化和本土绿植。项目选择适宜莆田地区气候和土壤条件的乡土植物，确保植物存活率。同时采用乔灌草相结合的复层绿化，更好调节广场的微气候，绿化广场外延布置还可以起到一定的隔声降噪、改善场地声环境的作用。

图5.3 主动与被动式绿色技术

（3）自然采光设计。项目注重自然采光，在步行街顶部设置了采光顶中庭，能有效改善室内自然采光效果。步行街屋顶采用玻璃顶，使其充分利用自然光并实现日光补偿，同时1~3层步行街两侧的功能空间也可得到一定的日光补偿，采光效果得到了极大提高，约有85.03%的空间采光系数大于1.1%。

（4）自然通风设计。项目室内步行街中庭部分，设有可开启天窗，有利于室内自然通风。当天窗全部开启，莆田万达广场购物中心室内步行街部分室内空间的换气效率均达7.56次/h。

（5）水蓄冷技术。项目利用消防水池（3000m²）蓄冷，蓄冷温度4℃，利用水的显热将冷量储存起来，在电网高峰时段供应全部或部分空调负荷，达到不开或少开制冷机的目的。项目设计采用一套可靠的迷宫式蓄水池布水技术有效提高了水蓄冷的效率，实现了削峰填谷，高效节能。

（6）节水设备。项目室内的用水末端主要是卫生间用水，卫生间均采用节水卫生器具，例如感应式的水龙头、感应式小便池、脚踏自延时式冲水阀等。室外绿化灌溉采用了喷灌系统，相较于手持漫灌、喷灌能更有效地控制每次灌水量，增加了灌水次数，能更好地调节作物的土壤水分情况，提高灌溉水利用率，节约灌溉用水量。

（7）楼宇自控系统。项目楼宇自控系统设计合理、完善，对空调机组、送排风系统、给排水系统及冷热源机组等实行全时间的自动监测和控制。项目关注室内空气品质，监测参数为室内CO_2浓度、温度、湿度及地下车库CO浓度。组合式空调机组根据回风温度调节水阀开度及风机运行频率，控制室内温度，根据室内CO_2浓度通过调节新回风阀开度调节新回风比例，确保室内空气质量。新风机根据室内CO_2浓度调节新风量。地下车库的排风机与CO浓度传感器联动，确保地下车库的空气质量。

（8）能源管理系统。本项目根据建筑的功能、归属等情况，对照明、电梯、空调、给水排水等系统的用电能耗进行了分项、分区、分户的计量。公共区域的用电，按照明、动力两大类来分项计量；照明用电分别按普通照明、应急照明、室外景观照明等几类来分别计量；暖通空调系统部分按冷机、水泵、空调末端等几类分别计量，动力部分按给排水系统、电梯系统、其他动力等来分项计量。

5.2
运行评价重点结果

项目于2014年1月获得了公共建筑类绿色建筑运行评价标识二星级，是国内首个获得绿色建筑运行标识二星级的大型商业综合体项目，本书从中挑选适宜推广的绿色实践经验和做法介绍如下。

5.2.1 节地与室外环境

结合场地实际条件与项目自身定位，在节地与室外环境部分，本项目满足全部标准控制项要求，同时采用了室外风环境、当地绿植、合理交通组织设计、地下空间利用等技术。

（1）合理交通组织。该项目附近500m内有3个公交站点，分别是城厢区政府站、启迪国际社区和福利区后门站。停靠的公交路线总共有4条分别为2路、5路、10路、21路，如图5.4所示。合理的交通组织设计可以减轻交通拥挤，减少环境污染。为满足人们的交通需求，通过绿色公共交通体系，以最少的社会成本实现最大的交通效率。

（2）本土植物及复层绿化。工程选择适宜莆田地区气候和土壤条件的乡土植物，采用乔灌草相结合的复层绿化，同时可以起到一定的隔声降噪、改善场地声环境的作用，如图5.5所示。乔木包括：狐尾椰子、香樟、盆架子、仁面子、荔枝、秋枫、凤凰木、美丽异木棉、小叶榄仁、鸡冠刺桐、大叶紫薇、黄花风铃木、尖叶杜英、华棕等。灌木包括：四季桂、垂榕柱、海枣头、幌伞枫、锦叶扶桑、苏铁、红叶石楠球、金叶女贞球、红花继木球、黄花鸡蛋花、红枫、三角梅、黑金刚等。地被包括：花叶姜、亮叶朱蕉、红花继木、

图5.4 场地交通条件

图5.5 复层绿化

鹅掌柴、红叶石楠、红花勒杜鹃、九里香、黄金叶、海南洒金、琴叶珊瑚、驳骨丹、栀子花、彩叶草、春鹃、钻石玫瑰等。

5.2.2 节能与能源利用

结合莆田当地的气候条件、项目用能需求、用能特点等因素，在节能与能源利用部分，本项目满足全部标准控制项要求，同时采用了自然通风优化设计、水蓄冷系统、太阳能热水系统、照明自动控制等技术。

（1）围护结构。结合莆田地区的气候条件及项目自身特点，合理设计建筑的围护结构保温。建筑的体型系数、窗墙面积比、围护结构的传热系数均小于规范限值，满足《公共建筑节能设计标准》GB50189-2005相关条文的规定。

（2）空调系统。万达百货、超市及大商业等区域考虑到不同区域的运行时间不同，负荷特性不同，各设一套完全独立的中央空调系统，如图5.6所示。冷水机组供回水温度均

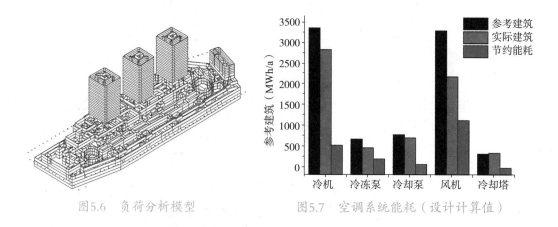

图5.6　负荷分析模型　　　　　图5.7　空调系统能耗（设计计算值）

为6℃~12℃。冷冻水系统均采用一次泵变流量系统，根据供回水温差及供回水总管之间的压差调节冷冻水泵转速。通过水泵变频运行，有效降低部分负荷时的输配系统能耗。空调末端根据业态不同，负荷特点分别采用全空气系统、风机盘管加新风系统、变频式多联机系统。

对项目空调系统的全年逐时能耗进行了分析，其中水冷机组节能率为15.3%，冷冻水泵节能率为28.0%，冷却水泵节能率为8.8%，AHU及PAU风机节能率为33.6%，空调系统节能率为21.8%，如图5.7所示。典型年大商业部分空调系统能耗为4594.3MWh。

根据莆田万达广场能源管理平台中获取的实际运行数据，统计了2013年6月~2015年6月的空调系统能耗。项目空调运行能耗受气候、人流量、灯光、商场活动等因素影响较大，空调系统实际运行能耗要略低于计算分析结果，如图5.8和图5.9所示。

（3）水蓄冷系统。本工程大商业部分利用1台制冷量为4571kW的冷水机组在夜间低谷段作为蓄冷机组蓄冷，在蓄冷工况下，其制冷量为4092kW。利用消防水池（3000m²）蓄冷，蓄冷温度4℃。考虑换热及保温的损失，蓄冷量17000kWh（放冷时间

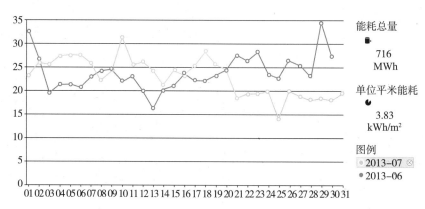

图5.8　能源管理平台中的空调系统逐日运行能耗曲线（2014年7月）

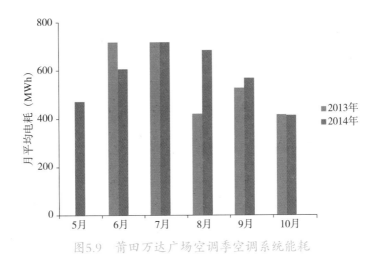

图5.9 莆田万达广场空调季空调系统能耗

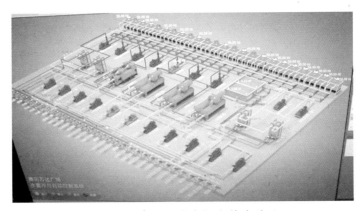

图5.10 莆田万达广场水蓄冷系统

9:00~22:00），如图5.10所示。

控制策略：水蓄冷系统在夜间低谷时段（23:00~次日7:00）切换至蓄冷模式，开启离心式冷水机组满负荷蓄冷。将蓄冷槽水温降低至4℃左右。一旦进入白天高峰、尖峰时段，系统立刻切换至蓄冷槽放冷模式。待蓄冷槽冷量释放完毕，再开启离心式冷水机组向现场供冷。

系统效果：水蓄冷运行策略贴合莆田万达广场大商业分时电价策略，利用水的显热将冷量储存起来，在电网高峰时段供应全部或部分空调负荷，达到不开或少开制冷机的目的。系统设计采用一套可靠的迷宫式蓄水池布水技术，有效提高了水蓄冷的效率，实现了削峰填谷，高效节能，全年节省费用约30万元。

（4）建筑总能耗。由图5.11可知，莆田万达广场购物中心2014年全年总能耗为22789MWh，每平方米能耗为122.0kWh/m^2（该项目不设采暖）。

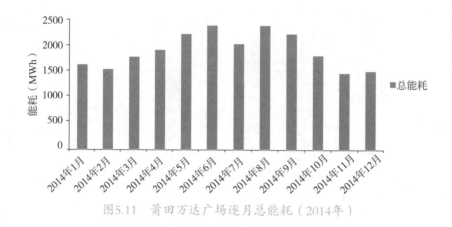

图5.11　莆田万达广场逐月总能耗（2014年）

5.2.3　节水与水资源利用

水资源保护主要从再生水利用、降低管网漏损率和减少用水末端的用水量3个方面进行考虑。

（1）雨水回用系统。本项目收集部分屋面及场地雨水，通过雨水管道汇集，经过弃流之后进入沉淀池及蓄水池，出水投加混凝剂后进入石英砂过滤装置，最后经过消毒后通过雨水回用泵出水用于室外绿化浇洒、道路广场冲洗以及景观水补水。水质达到《城市污水再生利用景观环境用水水质》GB/T18921-2002要求。雨水取水口、景观水池设置了相应防误饮误用的提示标识，如图5.12所示。

（2）节水末端设施。项目室内的用水末端主要是卫生间用水。卫生间均采用节水卫生器具，例如感应式的水龙头、感应式小便池、脚踏自延时式冲水阀等，如图5.13所示。节水器具满足《节水型生活用水器具》CJ/T 164及《节水型产品技术条件与管理通则》GB/T18870。室外绿化灌溉采用了喷灌系统，相较于手持漫灌，喷灌能更有效地控制每次灌水量，增加了灌水次数，能更好地调节作物的土壤水分情况，提高灌溉水利用率，节

图5.12　雨水取水口、景观水池设置的防误饮误用提示标识

图5.13 节水卫生器具   图5.14 喷灌运行照片

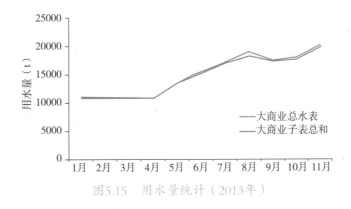

图5.15 用水量统计（2013年）

约灌溉用水量，如图5.14所示。

（3）漏损率控制。通过多种手段有效控制管网的漏损，减小在输配过程中的水资源消耗。设计阶段，根据管径和管道压力选择管道的连接方式、阀门类型、分级设置计量水表。在施工阶段，通过管道试验、阀门试验、系统灌水试验等方式确保施工质量。运行阶段通过比较各级水表之间的数据可以快速确定管网的漏损情况及漏损点的大概位置，有效控制管网漏损率。对比分析2013年用水量数据，人商业漏损率基本控制在了2%以内，如图5.15所示。

5.2.4 节材与材料资源利用

项目无大量装饰性构件，并全部使用本地化建材，尽量选用高强建材及可再循环材料。项目土建及装修一体化设计施工，采用灵活隔断进行不同功能区域分割。项目所用可再循环使用材料主要包括钢材、玻璃、铝材等，可循环材料占建材总重量的比例达到10.1%。

（1）本地建材应用。从尽可能降低建材运输能耗的角度出发，项目尽可能采用本地建材，预拌混凝土、模板、石材等均采用本地建材。据统计项目采用本地建材307686t，项目采用建材总重量335286t，本地建材的重量超过总重量的90%。

（2）灵活隔断设计。建筑室内平面多采用灵活隔断，采用玻璃隔断和轻质龙骨石膏板隔断进行不同功能区域分割，尽可能减少空间重新布置时再装修对建筑构件的破坏，达到节约材料的目的。灵活隔断既能打破固有格局、区分不同性质的空间，又能使空间环境富于变化、实现空间之间的相互交流。项目采用灵活分隔的区域面积共31833m²，灵活分隔的面积占可变换功能面积的31.4%，如图5.16所示。

图5.16　商场大面积采用的玻璃灵活隔断

（3）可再循环材料。本项目从材料循环利用角度出发，尽量多地使用可再循环材料，减小建筑材料对资源和环境的影响，主要包括钢材、玻璃、铝材等。建筑采用可再循环材料共计34315t，所用建筑材料总质量335286t，本项目可再循环材料使用率达到10.32%。

5.2.5　室内环境质量

项目从室内的声、光、热环境、空气品质等方面控制室内环境质量。通过建筑自然通风、自然采光的优化设计，获得较为舒适的室内环境。项目运行期间，曾聘请专业第三方检测单位对室内污染物进行检测，检测结果表明，室内甲醛、苯、TVOC、氨、氡等多种污染物浓度均满足国家标准限值。应用温湿度计、CO_2浓度计、风速仪等测试仪器对项目主要功能空间的室内环境质量进行测试。

（1）室内热湿环境。测试期间，莆田地区为阵雨天气，室外温度为23℃~28℃，相对湿度接近90%。本次测试共测试了28家中小型商户、5家主力店及次主力店及步行街公共区域，共238个温湿度测点。

步行街中小型商户均采用风机盘管加新风系统，每个商铺均设有风机盘管的控制面板，由各个商铺业主自行控制空调启停及室内的温度，商铺分区域设置集中设置新风机房，由新风机组统一供给处理后的新风。虽然各商铺的空调末端由各业主自行控制，但是从测试结果来看，除了一家服装商铺的室内温度（平均温度22℃）要明显低于其他商铺以外，小商铺内的温度基本维持在25℃左右，餐饮、服装及饰品等不同类型商铺的室内温度没有明显区别，如图5.17所示。小商铺的相对湿度实测值为54%~76%，平均相对湿度为62.9%，相对湿度在舒适的范围内，如图5.18所示。

主力店及次主力店包括超市、大型电器店、室内游乐场、大型服装店、万达百货，主力店及次主力店均采用全空气系统。从测试结果来看，采用全空气系统区域的平均温度为24℃~27℃，处于相对较为舒适的温度区间，如图5.19所示。其中室内游乐场和大型电器店的平均温度相对较高，分别为27.3℃和26.1℃，从现场情况判断，可能是由于场地内电器设备相对较多，电器设备发热量产生了较大的冷负荷；场地内人流量较大，人员产生的冷负荷和湿负荷相对较大。采用全空气系统的区域实测的平均相对湿度为53.5%~75.8%之间，相对湿度在可接受范围内，如图5.20所示。

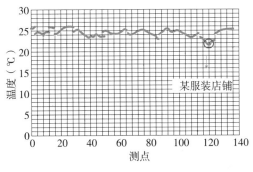

图5.17　小商铺温度测试结果

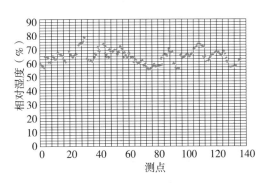

图5.18　小商铺湿度测试结果

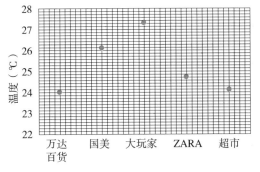

图5.19　百货及主力店温度测试结果

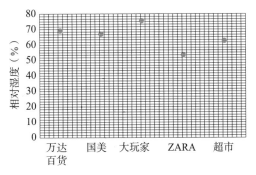

图5.20　百货及主力店相对湿度测试结果

（2）室内CO_2浓度。CO_2浓度的测试结果表明：莆田万达广场空调区域内，采用无论是空调末端采用风机盘管加新风系统的步行街中小型商铺还是采用全空气系统的主力店与次主力店，二氧化碳浓度实测值均符合国家标准（室内CO_2<1000ppm），说明项目在实际运行过程中，空调系统保证了新风的供应，室内空气质量较好，如图5.21和图5.22所示。

（3）室内光环境。本次共测试了28家中小型商户、5家主力店及次主力店及步行街公共区域，共238个照度测点。项目内区较多，除了室内步行街采光中庭部分，基本依靠人工照明。

由于中小型商铺的室内二次装修（包括室内照明设计）由出租业主自行负责，因此不同商铺室内照度差异较大。从测试结果来看，服装类商铺的室内照度要明显高于餐饮内的室内照度。28个商铺中，服装类商铺的最低平均照度为301lx，要高于餐饮类商铺最高平均照度293lx。大部分商铺的平均照度满足《建筑照明设计标准》GB 50034的要求，如图5.23所示。

百货、大型电器店、大型服装店、超市等主力店与次主力店的照度均匀性较好，未出现不舒适的感觉或降低观察细部和目标的能力的视觉现象、显色性较好，平均照度满足《建筑照明设计标准》（GB50034）的要求，如图5.24所示。

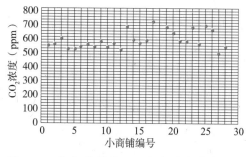

图5.21　中小型商铺CO_2浓度测试结果

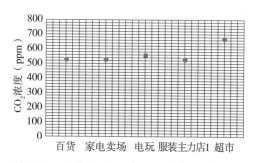

图5.22　百货及主力店CO_2浓度测试结果

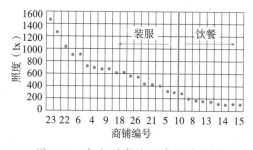

图5.23　中小型商铺照度测试结果

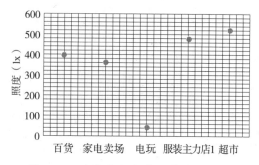

图5.24　百货及主力店照度测试结果

5.3
亮点技术推荐——合同能源管理

5.3.1　设计思路详述

通过分析能源管理平台的能耗数据，该项目在室内步行街的照明能耗相对偏高。室内步行街部分的主要灯具类型是28W T5灯带、18W的节能筒灯、36W的节能筒灯、150W金卤射灯和250W金卤射灯。综合分析改造的初投资、对项目营业的影响及改造后的效益，项目最终对室内步行街中庭部分的穹顶及穹顶两侧的大功率金卤射灯进行了节能改造，如图5.25所示。出于技术及成本上的考虑，项目采用合同能源管理的模式（EPC——Energy Performance Contracting）聘请了专业节能服务公司，由其采购并提供高效率节能灯具，对莆田万达广场项目中庭的照明灯具进行重新规划改造、安装及改造灯具运行期间的保养和维护，所产生的节能效益由项目的物业管理公司和节能服务公司共享。

图5.25　改造后的灯具

5.3.2　测评分析

对灯具改造前后的照明效果进行了测试，测试结果见图5.26。测试结果表明，改造前中庭部分的平均照度为735lx，而改造后的平均照度为590lx，改造后平均照度下降了145lx（下降了19.7%），灯具总功率下降了33540W（下降了57.3%）。改造后的照度依然满足《建筑照明设计规范》GB 50034-2013的要求。

由于莆田万达广场是商业项目，广场的穹顶灯全年365天每天夜间均需开启5小时。通过节能改造，年节电量365,742度，折算为标准煤为45.0吨（1度电＝0.123kg标准煤），节能效益为365,742元，见表5.1。

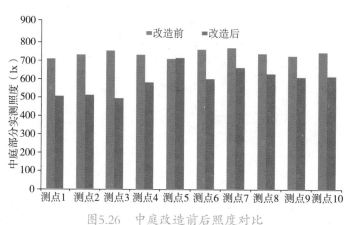

图5.26　中庭改造前后照度对比

节能改造前后灯具对比　　　　　　　　　　　　表5.1

灯具名称	原灯具功率	改造后LED灯具功率	节电率	改造数量
室内步行街穹顶金卤灯	150W	60W	60%	260套
室内步行街穹顶两侧金卤射灯	250W	120W	52%	78套

注：①节电率＝（原灯具功率—LED灯具功率）÷原灯具功率×100%
②节电量＝改造前灯具功率×改造前灯具数量×节电率×日用时数×年用天数

5.4 用户调研反馈

　　该项目属于商场类建筑，用户包括消费者和商户两类。通过向两类不同使用者分别发放调研问卷的方式，对用户使用感受情况进行调查。此次回收有效消费者调查问卷194份，有效商户调查问卷64份。

5.4.1　消费者调查结果

（1）基本信息统计

　　经统计，被调查者中女性居多、21~30岁的居多，见图5.27和图5.28；被调查者消费目标购物占33%，餐饮占26%，超市购物占17%，KTV影院等娱乐占24%。大部分消费者在莆田万达广场逗留1~2h；一周消费多次的消费者占到了55%，见图5.29。

（2）热湿环境满意度

　　被调查者普遍感觉莆田万达广场内部的温度适宜，认为温度达到舒适标准的占到了

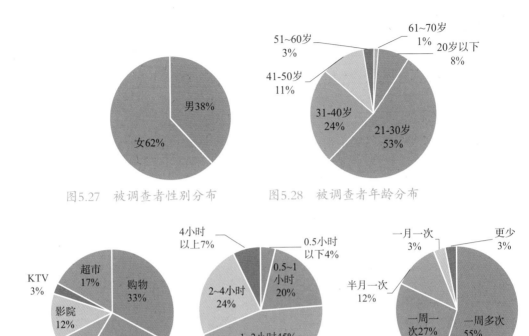

图5.27 被调查者性别分布　　　　图5.28 被调查者年龄分布

图5.29 被调查者消费目标（左）、逗留时间（中）、购物频次（右）统计图

90%，如图5.30所示。从消费者的温度感受上来看，被调查者普遍认为项目室内温度偏凉（占62%）。从温度测试结果来看，除了大型电器店及室内游乐场的温度偏高26℃~27℃，广场内部绝大部分区域的温度在24℃~25℃，略低于《公共建筑节能设计标准》GB50189中推荐的25℃。

被调查者普遍感觉莆田万达广场内部的干湿状况适宜，认为湿度达到舒适标准的占到了90%，如图5.31所示。实测结果表明，整个场内的平均相对湿度63%。从实测与调研结果的对比来看，相对湿度处于合理区间的时候，消费者对相对湿度并不敏感。

（3）光与声环境满意度

调查结果表明，广场内的消费者普遍认为广场内的照明设计较好，没有人认为场内照明效果较差或很差。被调查者感受对照明不满的原因有48%的人认为是场地内不够亮，38%的人认为场地内光纤刺眼，14%人勾选了其他原因。对光环境的调查结果如图5.32所示，广场内的消费者认为室内噪声整体情况较好。根据消费者反映，噪声较大的区域主要集中在：室内游乐场、影院门口和超市冷冻品区域，见图5.33。

（4）空气品质与风环境满意度

调查结果表明，广场内的消费者普遍认为广场内的空调较为舒适，无明显吹风感。问

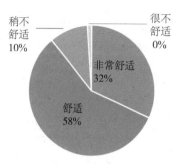

图5.30 被调查者的温度舒适度

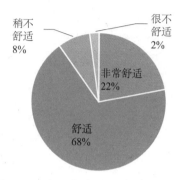

图5.31 被调查者的湿度舒适度

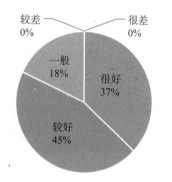

图5.32 被调查者对光环境的感受

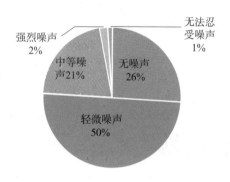

图5.33 被调查者对声环境的感受

及是否存在局部高风速的调查结果表明，63%的消费者认为商场的外广场不存在局部高风速，33%的消费者没有注意到室外的风环境（此部分人群可以认为是没有感到明显的不舒适），见图5.34。

从室内是否感觉到闷以及是否感受到异味两个方面来调研消费者对室内空气品质的感受度。从调查结果来看，选择不会感觉到闷及无异味的消费者占约50%，另外有接近40%的人认为有点闷和轻微异味，但是可以接受，见图5.35。整体来看，消费者对莆田万达广

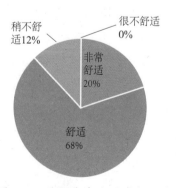

图5.34 被调查者吹风感舒适度

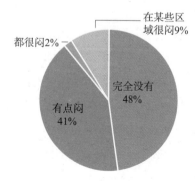

图5.35 被调查者室内空气品质感受（闷）

场室内空气品质的评价较好。消费者感觉到有点闷的区域主要是：超市、地下车库和卫生间。消费者感觉到有异味的区域主要是：卫生间、超市海鲜区和地下车库。

（5）交通和人流设计的满意度

消费者对公共交通站点距离的评价结果见图5.36。大部分消费者认为所在区域乘车、驾车或步行到达莆田万达广场非常便捷，见图5.37。

对于人流设计的满意度调查结果，大部分消费者认为项目场内路线设计及电梯设置较为合理，认为场商场内标识与指示牌能很快或者较快帮助快速到达要去的地方，认为商场内的休息区设置较合理，能够很快或者较快找到，见图5.38。

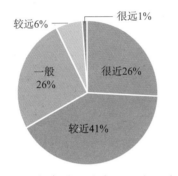

图5.36 被调查者对公共交通站点距离的评价　　图5.37 被调查者对交通便捷程度评价

（6）其他设施的满意度

对于项目业态分布的满意度如图5.39所示。大部分消费者对项目的业态分布较为满意，几乎没有人认为项目的业态分布很不合理。超过半数的消费者认为能够很快或者较快找到垃圾桶。大部分消费者对项目的室外绿化较为满意，仅3%对室外绿化存在不满的消费者，原因主要集中在绿化率低和绿化带缺少维护。

（7）室内环境综合评价

图5.40为消费者对广场室内环境的整体评价，该整体评价综合考虑温湿度、室内空

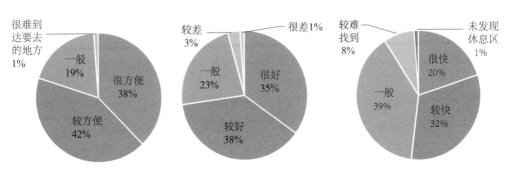

图5.38 场内路线规划及电梯（左）、场地内导向牌（中）、休息区（右）设置的合理性

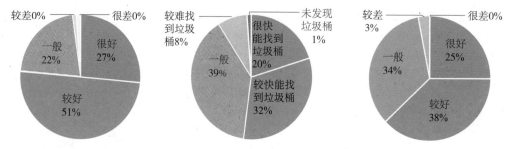

图5.39　被调查者对商业业态分布（左）、垃圾桶设置（中）、室外绿化（右）的满意度

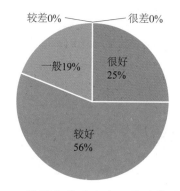

图5.40　被调查者对室内环境的整体评价

气品质、采光、噪声等因素。从调查结果来看，消费者对莆田万达广场的室内环境较为满意，认为室内环境较好和很好的消费者占到了总数的81%，没人给出较差或者很差的评价。

5.4.2　商户调查结果

（1）基本信息统计

经统计，被调查者中女性居多，21~30岁居多；工龄1~3年的居多。被调查者从事的工作类型以餐饮和零售为主，也有少量KTV和影院员工。大部分被调查者每周工作时间在40~50h之间，如图5.41~图5.45所示。

（2）热湿环境满意度

从商户调研结果来看，商户普遍认为商场内的温湿度较为舒适，认为温度适中的比例为80%，认为湿度适中的比例为86%，均占被调研者的绝大多数，见图5.46和图5.47。

（3）光与声环境满意度

从商户调研结果来看，商户普遍认为商场内的照明环境较为舒适，对照明环境感到满意的比例为97%，均占被调研者的绝大多数，见图5.48。对于商场声环境，广场内的商户

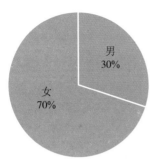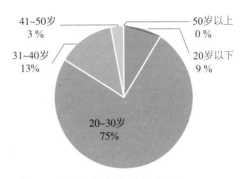

图5.41　被调查者男女比例　　图5.42　被调查者的年龄比例

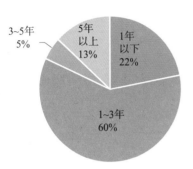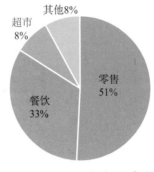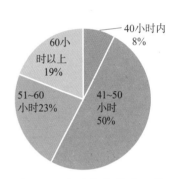

图5.43　被调查者的工龄比例　　图5.44　被调查者从事销　　图5.45　被调查者每周工作
　　　　　　　　　　　　　　　　　　售类型　　　　　　　　　　时长

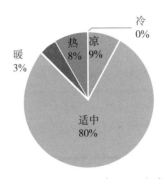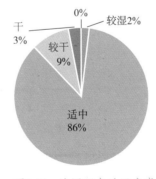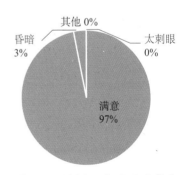

图5.46　被调研者的温度感受　　图5.47　被调研者的湿度感受　　图5.48　被调研者的照明感受

有27%的人认为场地内无噪声，56%的人认为场地内有轻微噪声，15%的人认为场地内有中等噪声，室内噪声整体情况较好，见图5.49。商户对于噪声的感受与消费者对于噪声的感受基本一致。

（4）空气品质与风环境满意度

从商户调研结果来看，如图5.50和图5.51所示，商户认为室内有点闷的占52%，认为完全不闷的占46%，几乎各占一半。商户感觉有点闷的比例要高于消费者，可能是由于商

图5.49 被调研者的室内噪声感受

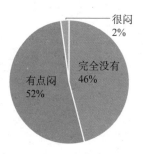

图5.50 被调研者的室内空气品质感受（闷）

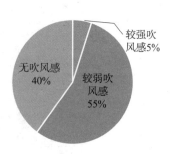

图5.51 被调研者的室内吹风感感受

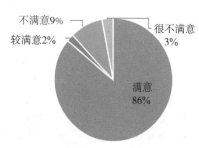

图5.52 空调末端运行状态调节

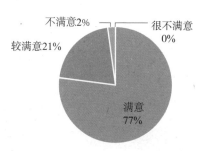

图5.53 空调照明设备控制便捷性满意度

户在室内停留时间相对较长。大部分商户认为室内无吹风或仅有较弱吹风感。

（5）空调照明设备的满意度

从调研结果来看，如图5.52和图5.53所示，超过88%商户对项目空调设备的使用情况满意或比较满意。项目中小型商铺均采用风机盘管加新风系统，空调末端能够方便灵活的控制。主力店及次主力店采用相对独立的全空气系统，商户均能提出合理的控制要求。室内部分的照明设备由商户自行控制。从调研结果来看，商户对于空调、照明系统控制的便捷性较为满意。83%的商户会根据客流量、天气等因素及时调整空调运行状态。

（6）油烟情况满意度（餐饮区工作人员）

针对餐饮商户，对油烟净化器的使用及排油烟的情况进行了调研。调研结果显示餐饮商户对油烟净化器的使用情况及排油烟情况基本满意（占87%），见图5.54。

（7）室内环境综合评价

图5.55为商户对广场室内环境的整体评价，该整体评价综合考虑温湿度、室内空气品质、采光、噪声等因素。从调查结果来看，商户对莆田万达广场的室内环境较为满意，认为室内环境较好和很好的商户占到了调研总数的63%，认为一般的商户占到了调研总数的34%。商户对于室内环境的综合评价略低于普通消费者。

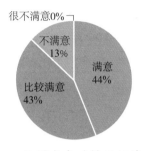

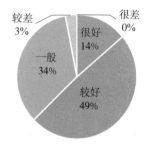

图5.54 被调查者对排油烟情况的评价　图5.55 被调研者对室内环境的整体评价

5.4.3 调查问卷与实测结果对比

将室内使用者主观感受与现场测试的主要结果进行对比，见表5.2。可以看出，在热湿环境、风环境、光环境、室内空气品质等各个方面，室内使用者主观感受与现场实测结果都较为吻合。该项目的实际运行情况良好。

调查问卷与实测结果对比　　　　　　　　表5.2

类别	消费者主观感受	商户主观感受	现场测试结果
温度	90%的消费者认为室内温度较舒适，略偏凉	80%商户认为室内温度较舒适，略偏凉	除了国美电器及大玩家温度偏高26℃~27℃，广场内部绝大部分区域的温度在24℃~25℃
湿度	90%的消费者认为室内湿度较舒适，认为偏湿润和偏干燥的人几乎各占一半	86%商户认为室内湿度较舒适，少部分人认为室内湿度偏低	整个场内的平均相对湿度63%，相对湿度适宜
光环境	82%的消费者认为室内光照度较好	97%的商户认为室内光照度较好	场内照度基本满足规范要求，部分小商铺的照度高于规范要求
室内空气品质	48%的消费者感觉完全不闷，41%的消费者感觉到有点闷，部分区域有轻微异味，室内空气品质整体情况较好	46%的消费者感觉完全不闷，52%的消费者感觉到有点闷，部分区域有轻微异味，室内空气品质整体情况较好	CO_2浓度实测值均符合国家标准（室内CO_2<1000ppm）
公共交通	公共交通较为便捷	—	距离项目主要出入口位置小于500m的公交车站点有3个，共有4条公交路线

6

大连高新万达
广场大商业

6.1
项目简介

6.1.1　工程概况

大连高新万达广场大商业项目位于大连市高新园区黄浦路南侧，七贤东路东侧。总用地面积5.80万m²，总建筑面积28.32万m²，建筑基底面积4.03万m²。地上建筑由一座6层购物中心（大商业）、2栋高层公寓和2栋2层商业（独立商铺）组成，地下室包括1个两层车库和1个大型超市，如图6.1所示。

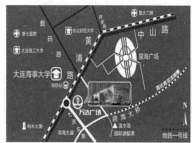

图6.1　项目区位图（左）与鸟瞰图（右）

大连高新万达广场是万达集团在大连建设的顶级商业综合体项目，在规划设计中，通过建筑功能分区实现综合体中不同业态的划分与互动，以全新理念打造的商业室内步行街，使商业中心内的各主力店和中小店铺有机相连，引导商业中心顾客合理流动，满足消费者休闲、购物、娱乐为一体的"一站式消费"需求。

6.1.2　创新点设计理念

项目在建设之初就确立了集环保、节能、健康于一体的绿色生态建筑目标，在规划、设计、施工、运行整个过程中，严格遵循"四节一环保"的理念，根据项目的实际特点，将多项普通技术和部分创新技术有机结合，在同类功能建筑中具有广泛的推广价值。

项目主要采用了自然采光优化、自然通风优化、排风热回收系统、中水收集回用系统、太阳能热水系统、楼宇自控系统、能耗分项计量系统等多种绿色建筑技术，并将其有效结合在一起，见图6.2。

（1）自然采光优化。天然采光照明相对于人工照明，不仅节约能源，室内的光照舒适度也更好。加强建筑天然采光的方法主要有两种，一是减少采光进深，主要体现在设置中庭或减少房间跨度等；二是加强围护结构的天然光透过性能。本项目采用两种方法结合

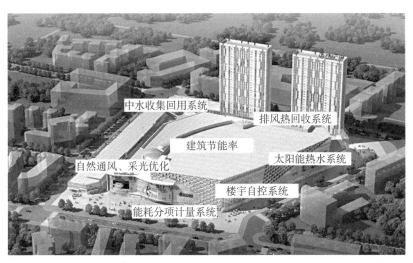

图6.2 项目创新点设计理念示意图

的方式来加强室内采光效果，即步行街顶部天窗采用高可见光透过率的玻璃，通过顶部采光，改善了建筑室内的自然采光效果。

（2）自然通风优化。自然通风不仅能够提高室内舒适度，还能够相应降低建筑耗能，在过渡季起到部分或全部取代空调的作用。本项目步行街上方采光天窗设有可开启部分，利用热压产生拔风效果，过渡季可减少建筑能耗。

（3）排风热回收系统。项目在百货、室内步行街店铺、走廊等部位的新风由全热交换型热回收机组提供，热回收效率60%。排风热回收装置置于屋面，同时纳入BA系统控制，能够对比排风温度与室外温度差值，实现经济高效运行。

（4）中水收集回用系统。项目收集除冲厕、厨房排水外的卫生间盥洗、淋浴、洗衣、冷凝等排水，经中水站沉淀、过滤、消毒处理之后用于绿化、道路冲洗及水景补水。机房出水管与室外绿化、道路冲洗给水管相连接，中水管道与市政水管道互不连接，避免对市政水造成污染。经统计项目全年中水使用量为186m³。

（5）太阳能热水系统。项目热水采用太阳能直接换热及电热水锅炉辅助加热系统设备，主要用于商管及影城的淋浴、盥洗。共计28处用水点，每个用水量为50L/h。系统采用30组太阳能集热器，每组50支真空集热管，同时选用一台60kW立式电锅炉辅助加热，确保阴雨天时热源系统正常运行。

（6）楼宇自控系统。系统可实现对空调机组、送排风系统、给排水系统及冷源机组等实行全时间的自动监测和控制，有效管理相互关联的设备，集中监控，大力节省人力，帮助正确掌握建筑设备的运转状态、事故状态、负荷的变动等。通过分析历史数据，调整设备的运行策略。

（7）能耗分项计量系统。项目根据建筑的功能、归属等情况，对照明、电梯、空调、风机、给水排水等系统的用电能耗进行了分项、分区、分户计量。

（8）建筑节能设计。项目通过优化围护结构热工性能、提高空调采暖系统能效比、采用排风热回收技术、全空气系统过渡季全新风运行、节能灯具、中庭设计电动百叶内遮阳、立面设计可开启外窗等多种节能技术，经模拟计算可知，该建筑的能耗设计值相对公建节能标准参考建筑节能24.4%。

6.2 运行评价重点结果

该项目于2014年12月获得公共建筑类绿色建筑运行评价标识二星级，本书从中挑选适宜推广的绿色实践经验和做法具体介绍如下。

6.2.1 节地与室外环境

项目用地原址为空地，场地周边无文物、自然水系、湿地等保护区，亦无电磁辐射及土壤氡浓度污染。科研院所、高等院校集中；交通方便，如图6.3所示，距离出入口周围步行距离500m的范围内有2个公交站，途径公交车主要有28路、202路、3路等。自然环境优美，主要采用乔灌木复层绿化，如图6.4所示，绿化物种主要为白皮松、国槐、栾树、紫叶李、龙柏球、黄杨球、金叶女贞球、铺地柏等。

图6.3 公交站点图

图6.4　乔灌木复层绿化图

项目为节约土地，充分利用地下建筑面积，设置了2层地下空间，主要用途为超市、地下车库及设备用房等，地下建筑面积与建筑占地面积之比可达277%。

项目室外噪声情况良好，根据运营期间实际检测数据，室外昼间噪声为57dB，夜间噪声为55dB，都能够满足《声环境质量标准》GB 3096-2008的3类地区标准。

6.2.2　节能与能源利用

（1）围护结构。项目屋面采用聚氨酯复合板（50.0mm）保温，外墙采用矿（岩）棉或玻璃棉板（80.0mm）或聚氨酯复合板（45.0mm）保温，主要围护结构热工性能均满足公建标准的要求。

（2）空调系统。为方便后期的维护管理，考虑项目实际业态分布，项目分设3套冷热源系统：冷源方面，共设3个冷水机房，分别为大商业、百货、超市供冷，选用冷水机组的COP均高于《公共建筑节能设计标准》的要求；热源为城市集中供热管网提供的95℃~70℃热水，经设于地下二层的3个换热站换热后分别为超市、百货、大商业提供60℃~50℃热水。在输配系统方面，空调末端均为两管制，水系统竖向不分区。项目根据业态大小特点，对于超市、百货、主力店、影厅及售票大厅等大空间均采用低速全空气系统，过渡季节可以实现全新风运行；对于室内步行街店铺、一环外店及走廊等小空间采用吊柜式机组+新风系统。

（3）热回收系统。项目在百货、室内步行街店铺、走廊等区域采用热回收系统，约占整个商业面积的50%。上述部位的新风由全热交换型热回收机组提供，占整个商场总新风量的35%，热回收机组效率为60%，见图6.5。排风热回收装置置于屋面，同时纳入BA系统控制，能够对比排风温度与室外温度差值，实现经济高效运行。经过系统经济效益分析，8.8年即可回收成本。

（4）照明系统。公共场所选择三基色高效荧光灯，主要功能空间均选用节能筒灯、T8节能灯、日光灯等节能灯具，如图6.6和图6.7所示，主要功能空间照明功率密度均满足《建筑照明设计标准》GB50034-2004的目标值要求，节约照明能耗，照明功率密度实测值与标准值对比如图6.8所示。

（5）建筑总能耗。项目根据建筑的功能、归属等情况，对照明、电梯、空调、给水排水等系统的用电能耗进行了分项、分区、分户的计量，图6.9为一个自然年的用电量。

图6.5　热回收机组实景照片

图6.6　地下车库照明效果图

图6.7　步行街照明效果图

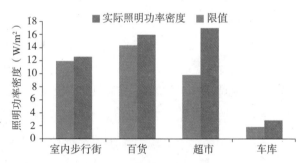

图6.8　照明功率密度实测值与标准值对比图

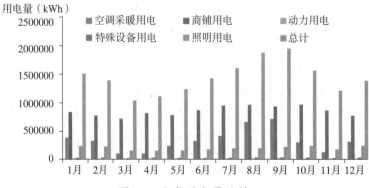

图6.9　全年用电量统计

6.2.3 节水与水资源利用

项目给水来自市政自来水管网，超市全部采用二次加压供水，其他部门地下二层至地上一层利用市政水压直接供水，地上一层以上采用二次加压供水；热水采用太阳能及电热水锅炉辅助加热系统设备；公共卫生间污废水为分流制系统，污水排入室外化粪池经处理后排入市政排水管道，废水排入中水间处理后供绿化及冲洗使用。

（1）节水器具。室内卫生洁具均采用节水型，所有洗手盆龙头均采用节水型感应式龙头，小便器配感应式冲洗阀，大便器采用脚踏式延时自闭冲洗阀，如图6.10和图6.11所示。中水水龙头有明显防误饮误用标识。

（2）中水利用。项目收集除冲厕、厨房排水外的卫生间盥洗、淋浴、洗衣、冷凝等排水，经中水站沉淀、过滤、消毒处理之后用于绿化、道路冲洗及水景补水。经统计，项目全年中水使用量为186m^3，其非传统水源利用率为0.09%，见图6.12和图6.13。

项目在各个用水末端设置计量水表，实现用水的分用途计量，图6.14为项目全年用水量记录。

图6.10　感应式龙头　　　　　　　图6.11　蹲便器

图6.12　中水系统过滤除味装置　　　图6.13　中水系统过滤消毒装置

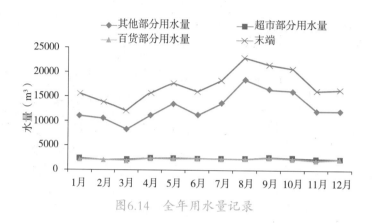

图6.14　全年用水量记录

6.2.4　节材与材料资源利用

项目外立面无大量装饰性构件,土建与装修一体化设计施工,不破坏和拆除已有的建筑构件及设施,避免重复装修。

(1)灵活隔断。百货、超市、主力店等采用更优于灵活隔断的大开间设计,避免室内空间重新布置时对建筑构件的破坏,节约材料,同时为使用期间构配件的替换和将来建筑拆除后构配件的再利用创造条件,经统计,其灵活隔断比例为73.4%,见图6.15。

(2)可再循环材料。本项目实现机械化施工,在确保工程质量的同时,能够提高建设速度,大大缩短工期。为避免砂石、水泥等材料浪费,项目全部采用预拌混凝土。为减少相关建材的运输成本,根据建材决算清单统计,95.36%的建材选用本地建材,同时大量使用玻璃、钢筋等可再循环材料,比例可达10.58%。

图6.15　灵活隔断现场照片

6.2.5　室内环境质量

项目采用集中空调房间内的温度、湿度、风速、新风量等参数均满足相关规范要求。对于百货、超市、步行街等主要功能空间照明设计均满足《建筑照明设计标准》要求,室内空气质量均满足相关规范要求。为了对项目的运行情况有更全面的了解，应用温湿度计、CO_2浓度计、照度计等测试仪器对项目各层室内环境质量进行测试，重点对百货、超市、车库、一层步行街及1~3层步行街商铺29个场所布置的39个测点的测试数据进行分析，概述如下。

（1）室内热湿环境。通过对超市食品区、玩具区、蔬果区、百货一层、百货三层、咖啡店等不同区域分别布置一个点位测试该点不同时刻的温度、湿度，从测试结果看，不同测量区域不同时刻温湿度变化不大，如图6.16和图6.17所示。

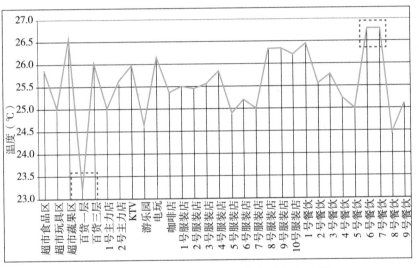

图6.16　各测试区域测点温度平均值分布图

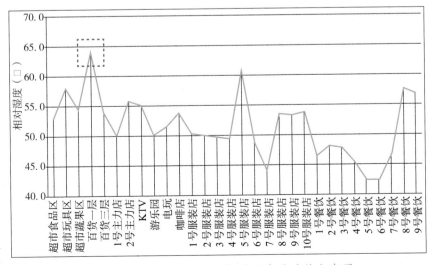

图6.17　各测试区域测点相对湿度平均值分布图

从各测试区域测点温湿度平均值可以看出，商场内不同区域平均温度在23.2℃~27℃之间波动，普遍集中在25℃~26℃左右，湿度在42.4%~64%之间波动，集中在52%左右，温湿度均比较适宜。而个别测试场所温度出现较大的波动，如红色虚线框所示，其中最低值出现在百货一层测点，为23.2℃，主要原因在于百货一层测试时间在上午开业不久，人流量较少，上午温度偏低，空调也处于开启状态，故会出现温度偏低的现象。最高值出现在汉拿山测点，为27℃，餐厅1属于烧烤餐饮商铺，测试时间在下午，人流量较大，且顾客用餐过程中烧烤及顾客自身均会产生很大的热量，导致测试点温度会偏高。

（2）室内光环境。通过对超市、百货、步行街、车库四个主要功能区域分别布点做检测，从图6.18可以看出，各功能区域的不同测点的照度有较大的差别，这跟选取点位位置的灯具布置、是否有相应的遮挡等都有很大的关系。

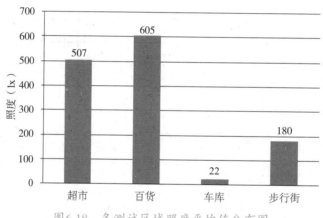

图6.18　各测试区域照度平均值分布图

设计阶段超市、百货照度分别按照《建筑照明设计标准》高档超市营业厅、高档商店营业厅设计，步行街照度是按照低档商店营业厅标准设计，车库照度按照75lx设计。由四个主要功能区域的照度的平均值检测结果可得，超市的平均照度跟设计阶段没有太大的误差，基本匹配。百货的平均照度相对设计阶段来说较高，这主要考虑实际检测时，照度会受商铺自身柜台照明灯具影响，导致照度测试结果偏高。步行街及车库的照度较设计值偏低，主要原因在于检测当天步行街的照明灯具没有全部开启，车库是采取隔三排灯开一排，其中一排又只开一个灯管（每排两个灯管）的开启方式，故检测值会相较设计值偏低。

（3）室内声环境。通过对百货、超市、电器、步行街四个主要功能区域分别布点做检测，项目室内背景噪声检测结果如图6.19所示，可以看出在营业开始前和营业期间，各个主要功能区域的背景噪声均能够满足标准要求。

（4）室内CO_2浓度。通过对超市食品区、玩具区、蔬果区、百货一层、百货三层、咖啡

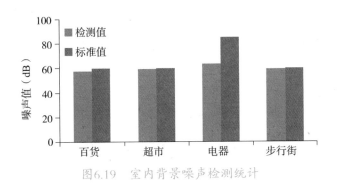

图6.19 室内背景噪声检测统计

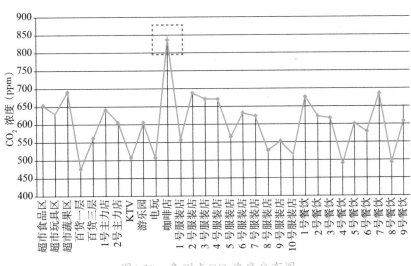

图6.20 各测点CO₂浓度分布图

店等不同区域分别布置一个点位测试，结果如图6.20所示，除咖啡店之外，其他主要功能区域CO_2浓度均不高于800ppm，集中在600ppm上下波动，符合国家标准（1000ppm）。其中咖啡店CO_2浓度测试结果偏高，主要由于测试时咖啡店里面有较多顾客，室内空调供冷，外门长期不开，无法较好的通风换气，导致室内CO_2浓度测试结果相对其他场所来说较高。

6.3
亮点技术推荐——太阳能热水系统

6.3.1 设计思路详述

本项目位于大连市，属于暖温带地区，气候特点为具有海洋性特点的暖温带大陆性季风气候。年日照总时数2500～2800h，年日照辐射量4781MJ/a.㎡，属于Ⅲ类太阳能辐射区，按《全国民用建筑设计技术措施−给水排水》（节能专篇）4.1.1规定：对于年日照时间数大于1400h，水平面上年太阳能辐射量大于4200MJ/a.㎡的地区，气候有利于使用太阳能热水。

本项目设计选用太阳能热水系统，热水采用太阳能直接换热及电热水锅炉辅助加热系统设备，热水主要用于商管及影城共计28处热水点，每个用水点用水量为50L/h，设计计算项目年用水量3412.75m³/a，如表6.1所示，同时采用一台60kW立式电锅炉辅助加热，确保阴雨天时热源系统正常运行。

设计生活热水量计算表 　　　　表6.1

序号	用水项目	用水定额	人数	最高日用水量	年用水量
				m³/d	m³/a
1	影城	0.5L/（人·次）	15000	7.5	2737.5
2	物业办公	10L/（人·班）	100	1	365
3	未预见水量	本表1、2项之和10%计		0.85	310.25
4	合计			9.35	3412.75

项目设计用水平双面插管太阳能真空集热器30组，如图6.21所示，在屋面集中布置，每组配φ47×1500太阳能真空集热管50支，集热面积180m²。根据场地实际情况，集热器摆放面为西南向，前排集热器与后排集热器之间的间距为100cm，以避免遮挡。集热器安装倾角取当地纬度+10℃，即49°，误差不大于3°。30个集热器按同程原则并联布置成4个集热器组，即令每个集热器的传热介质流入路径与回流路径的长度相同，以使流量平均分配。受场地条件限制，不能通过简单管系布置实现流量平衡时，则通过调节集热器组两端的阀门以获得均匀的流量分布。

太阳能热水箱（过渡水箱）采用方形结构，如图6.22所示，10m³，采用SUS 304不锈钢板拼装（耐温90℃以上），用100mm聚氨酯发泡保温，外表用镀锌钢板罩面。

太阳能集热循环采用循环控制仪控制，补充加热采用温控仪控制，生活热水供水增压循环泵采用变频控制，热水水循环泵采用定时、定温控制。

6.3.2　实测效果分析

图6.23为项目2014年7月～2015年6月太阳能热水系统运行记录。

图6.21　太阳能集热器平面图

图6.22　太阳能热水箱现场照片

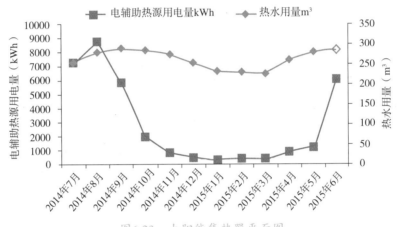

图6.23　太阳能集热器平面图

　　通过分析2014年7月～2015年6月的热水系统运行记录，项目商管及影城热水使用量为3156m³/a，与设计年用水量3413m³/a相比，略有降低但差距不大。根据运行记录，项目进出水温差约30℃，经计算，项目生活热水需热量约110460kWh，通过电辅助热源提供的热量为34315kWh，则项目实际太阳能保证率为69%。系统全年节电76145kWh，可实现减排$CO_2$46.4t，$SO_2$2.92t。

6.4
用户调研反馈

　　该项目属于商场类建筑，因此用户包括消费者和商户两类。通过向建筑内部两类不同使用者分别发放调研问卷的方式，对用户使用感受情况进行调研，问卷分为消费者调研问卷及商户调研问卷。此次发放商户调研问卷51份，回收有效问卷41份；发放消费者调研问卷240份，回收有效问卷231份。

6.4.1 消费者调研结果统计

（1）基本信息统计

经统计，被调研者中女性居多、年龄分布21～30岁居多。消费目标中购物占34%，就餐占35%，超市购物占10%，KTV影院等娱乐占21%。大部分被调研者消费时间集中在1～4h，所占比例为71%。一周消费多次的消费者占到了41%，一周消费一次的消费者占到了35%，见图6.24。

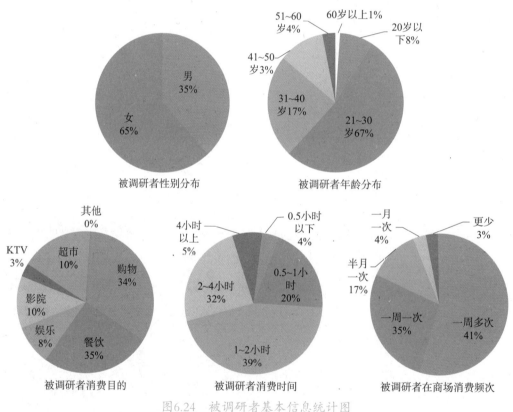

图6.24　被调研者基本信息统计图

（2）热湿环境满意度

调研结果表明，被调研者普遍认为商场内温度适宜，认为温度达到舒适标准的占到了90%，如图6.25所示。从消费者的温度感受上来看，被调研者认为室内温度偏暖（占39%）和偏凉（占38%）的比例基本持平。从温度测试结果来看，商场内温度普遍集中在25℃~26℃左右，其温度处于合理区间。被调研者普遍感觉商场内部的干湿状况适宜，认为湿度达到舒适标准的占到了89%。从湿度测试结果来看，商场内平均相对湿度52%。

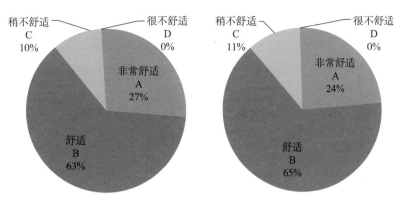

图6.25 被调研者在商场内热湿环境满意度

（3）光与声环境满意度

调研结果表明，广场内的消费者普遍认为广场内的照明设计较好，没有人认为场内照明效果很差。被调研者感受对照明不满的原因有56%的人认为是场地内不够亮，25%的人认为场地内光纤刺眼，19%人勾选了其他原因。

对光环境的满意度调研结果如图6.26所示，广场内的消费者认为室内背景噪声整体情况较好。根据消费者反映，噪声较大的区域主要集中在：商场入口和步行街中庭的活动宣传，有极少数人认为广场内的推销人员也对造成相应的噪声干扰。

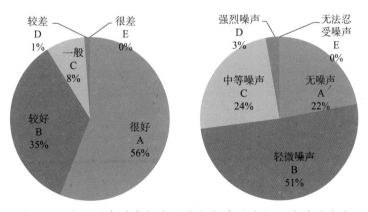

图6.26 被调研者对商场光（左）与声（右）环境的满意度

（4）空气品质与风环境满意度

调研结果见如图6.27，广场内的消费者普遍认为广场内的空调较为舒适，无明显吹风感。问及室外是否存在局部高风速的调研结果表明，74%的消费者认为商场的外广场不存在局部高风速，18%的消费者没有注意到室外的风环境（此部分人群可以认为是没有感到明显的不舒适）。

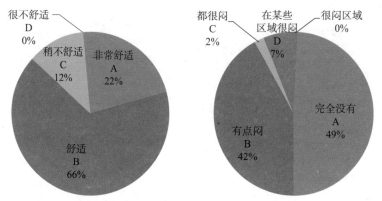

图6.27　被调研者是否存在吹风感受（左）及空气新鲜程度感受调研（右）

（5）交通与人流设计的满意度

消费者对公共交通站点距离的评价结果如图6.28所示。大部分消费者认为项目主要出入口距离公共交通站点较近，认为所在区域乘车、驾车或步行到达广场非常便捷。考虑项目的实际情况，500m以内的公交站点有2个，途经多路公交车，同时广场正门前面还有城市快轨，从交通整体部署情况来看，极大方便消费者出行，见图6.29。

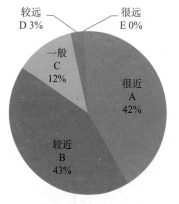

图6.28　被调研者对公共交通站点距离的评价

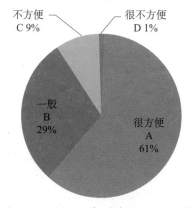

图6.29　被调研者对交通便捷程度评价

对于人流设计的满意度调研结果如图6.30所示，大部分消费者认为项目场内路线设计及电梯设置较为合理，认为场商场内标识与指示牌能很快或者较快帮助快速到达要去的地方，认为商场内的休息区设置较合理，能够很快或者较快找到。

（6）其他设施的满意度

对于项目业态分布的满意度如图6.31所示。调研结果显示项目的绝大部分消费者对项目的业态分布较为满意。大部分消费者认为能够很快或者较快找到垃圾桶。大部分消费者

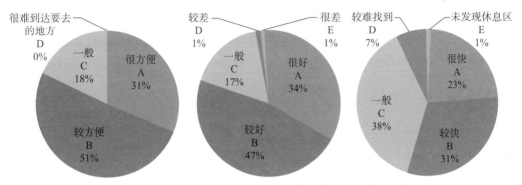

图6.30 场内路线规划及电梯（左）、场地内导向牌（中）、休息区（右）设置的合理性

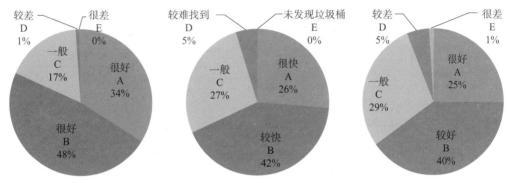

图6.31 被调研者对商业业态分布（左）、垃圾桶设置（中）、室外绿化（右）的满意度

对项目的室外绿化较为满意。对室外绿化存在不满的原因主要集中在绿化率低（59%）和绿化带缺少维护（32%）。

（7）室内环境综合评价

图6.32为消费者对广场室内环境的整体评价，该整体评价综合考虑温湿度、室内空气品质、采光、噪声等因素。从调研结果来看，消费者对大连高新万达广场的室内环境较为满意，认为室内环境较好和很好的消费者占到了总数的90%，没人有给出较差或者很差的评价。

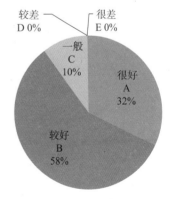

图6.32 被调研者对室内环境的整体评价

6.4.2 商户调研结果统计

（1）商户人员信息

经统计，被调研者中女性居多，年龄21～30岁居多，工龄主要以1～3年为主。被调研者的主要销售类型分布以零售、餐饮、超市为主，也有少量室内游乐场和KTV的员工，如图6.33所示。

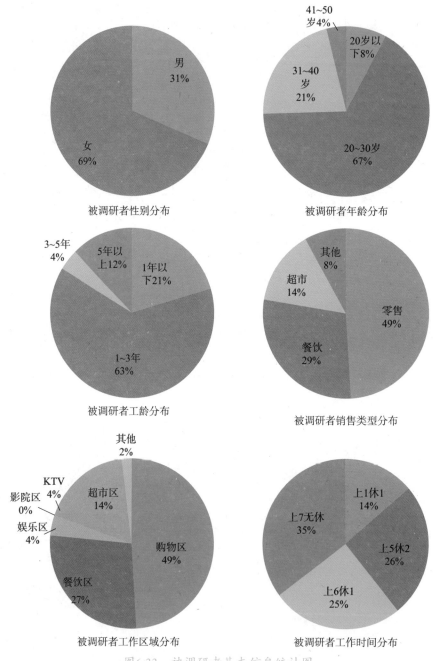

被调研者性别分布

被调研者年龄分布

被调研者工龄分布

被调研者销售类型分布

被调研者工作区域分布

被调研者工作时间分布

图6.33 被调研者基本信息统计图

（2）热湿环境满意度

商户调研结果显示，商户普遍认为商场内的温湿度较为舒适，认为温度适中的比例为67%，认为湿度适中的比例为72%，均占被调研者的绝大多数，见图6.34和图6.35。

（3）光和声环境满意度

商户调研结果显示如图6.36和图6.37所示，商户普遍认为商场内的照明环境较为舒适，对照明环境感到满意的比例为92%，均占被调研者的绝大多数。对于声环境，广场内的商户有33%的人认为场地内无噪声，41%的人认为场地内有轻微噪声，24%的人认为场地内有中等噪声，2%的商户认为有强烈噪声，室内噪声整体情况较好。商户对于噪声的感受与消费者对于噪声的感受基本一致。

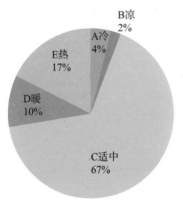

图6.34　被调研者温度感受

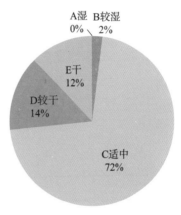

图6.35　被调研者湿度感受

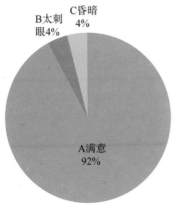

图6.36　被调研者光环境感受

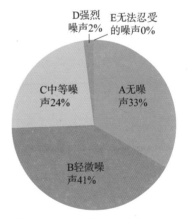

图6.37　被调研者声环境感受

（4）室内空气品质和风环境满意度

商户调研结果显示如图6.38和图6.39所示，商户认为室内有点闷的占43%，认为完全不闷的占47%，几乎各占一半。商户感觉有点闷的比例要高于消费者，可能是由于商户在室内停留时间相对较长。大部分商户认为室内无吹风或者仅有较弱吹风感。

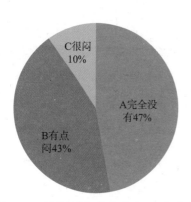 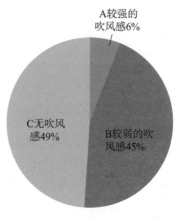

图6.38　被调研者室内空气品质感受　　图6.39　被调研者室内吹风感感受

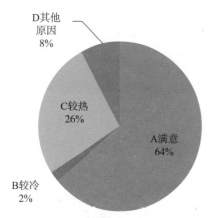 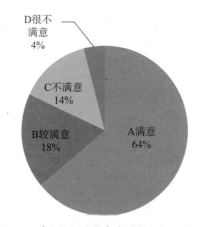

图6.40　空调设备使用情况调研　　图6.41　空调照明设备控制便捷性满意度

（5）空调设备使用情况

商户调研结果显示，大部分商户对项目的空调设备的使用情况满意或比较满意，见图6.40。项目中小型商铺均采用风机盘管加新风系统，空调末端能够方便灵活的控制。主力店及次主力店采用相对独立的全空气系统，商户均能提出合理的控制要求。

室内部分的照明设备由商户自行控制。从调研过来来看，商户对于空调、照明系统控制的便捷性较为满意，见图6.41。71%的商户会根据客流量、天气等因素及时调整空调运行状态。

（6）排油烟情况

针对餐饮商户，对油烟净化器的使用及排油烟的情况进行了调研。调研结果显示餐饮商户对油烟净化器的使用情况及排油烟情况基本满意（占78%），见图6.42。

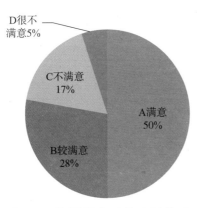

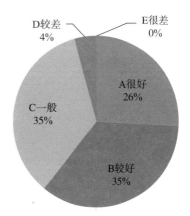

图6.42 被调研者对排油烟情况的评价　　　　图6.43 被调研者对室内环境的整体评价

（7）室内环境综合评价

图6.43为商户对广场室内环境的整体评价，该整体评价综合考虑温湿度、室内空气品质、采光、噪声等因素。从调研结果来看，商户对大连高新万达广场的室内环境较为满意，认为室内环境较好和很好的商户占到了调研总数的61%，认为一般的商户占到了调研总数的35%。商户对于室内环境的综合评价略低于普通消费者。

6.4.3 调研问卷与实测结果对比分析

将室内商户主观感受与现场测试的主要结果进行对比，如表6.2所示。可以看出，在热湿环境、室内空气品质等方面，室内使用者主观感受与现场实测结果都较为吻合。该项目的实际运行情况良好。

室内商户主观感受与现场测试的主要结果对比分析　　　　表6.2

类别	消费者感受	商户感受	现场测试结果
温度	90%的消费者认为室内温度较舒适	67%的商户认为室内温度较舒适	平均温度在25℃～26℃之间
湿度	89%的消费者认为室内湿度较舒适	72%的商户认为室内湿度较舒适	湿度均值在52%，相对湿度适宜
光环境	91%的消费者认为室内光照度较好	82%的商户认为室内光照度较好	场内照度基本满足规范要求
室内空气品质	49%的消费者感觉完全不闷，42%的消费者感觉到有点闷，部分区域有轻微异味，室内空气品质整体情况较好	47%的商户感觉完全不闷，43%的商户感觉到有点闷，部分区域有轻微异味，室内空气品质整体情况较好	CO_2平均浓度在600ppm左右

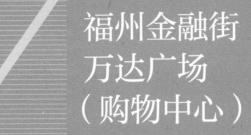

7 福州金融街
万达广场
（购物中心）

7.1.1　工程概况

福州金融街万达广场位于台江区江滨路北侧、前横路西侧，整个项目由商业综合体、酒店、写字楼、室外步行街及影院组成，总建筑面积为38.95万m²，其中地上31.05万m²，地下7.9万m²，见图7.1。建筑密度为68%，容积率为4.5。福州金融街万达广场（购物中心）项目于2011年和2012年分别获得绿色建筑（设计）评价标识一星级和绿色建筑评价标识一星级认证。

商业综合体内部设有一条商业街，商业街西侧部分为3层，主要为商业店面及餐饮等。商业街东侧为5层，其中1层为娱乐区，国美电器卖场，百货卖场及名品店。2层为国美电器卖场，百货卖场及名品店。3层为KTV、百货卖场及品牌店。整个商业综合体部分每层设有17部专用自动扶梯。20台专用电梯及23处专用楼梯供垂直交通使用，见图7.2。此次参评的购物中心部分主要包括室内三层的购物、娱乐及餐饮区域。

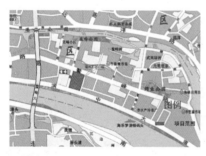

图7.1　福州金融街万达广场位置　　　图7.2　福州金融街万达广场效果图

7.1.2　创新点设计理念

本项目在设计中从节能环保以及可持续经营的角度，尽量选用经济适用的绿色建筑技术予以应用，如图7.3所示。

（1）良好的交通组织。机动车均停放于地下车库内，共设置了三个地下车库出入口。此外，在前横路上设置了一个港湾式出租车停靠点；地下车库出入口采用右进右出的原则，以减少对干线交通的干扰；距离主要出入口500m内公交线路有11条。

（2）合理的绿化。项目利用屋顶面积进行绿化，A区大商业屋顶可绿化面积为24037m²，屋顶花园绿化面积为8037m²，可绿化面积占屋顶面积的比例为33.4%。

图7.3 项目创新点设计理念示意图

（3）中空双银Low-E玻璃。本项目采用了中空双银Low-E玻璃，可有效降低气体对流而造成的能量损失，进而达到良好的隔热保温效果。

（4）可调内遮阳、采光顶设计。建筑室内步行街设计为采光顶，提高了冬季日照及自然采光效果，见图7.4。中庭采光顶设有电动卷帘内遮阳，并设有电动可开启百叶窗。由自然采光模拟计算分析可知，采光系数达到2%的面积比例平均可达57.5%。

（5）高效灯具节能光源。在满足眩光限制的条件下，本项目优先选用高效灯具并开启式直接照明灯具，室内灯具效率不低于60%；采用电子镇流器，荧光灯单灯功率因数不小于0.9。

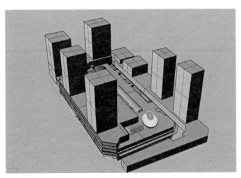
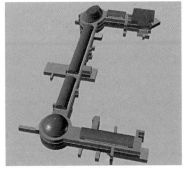

图7.4 建筑室内步行街的采光顶示意图

（6）建筑智能化系统。建筑设备监控系统可完成机电设备的监视和自动控制，本项目机电设备包括：给排水系统、排污泵、水池、水箱、集水坑等；冷源系统；空调通风系统的空调机组、新风机组、送/排风机、排烟、加压风机等；变配电系统通过其开放的通信协议和BA系统建立通讯，将其运行状态、故障报警信号纳入BA系统中。项目智能化照明控制系统，可实现实时控制、场景控制、单回路远程控制、系统监控、日计划管理、BMS和IBMS集成等功能。

（7）蓄热机组及热回收利用。项目分设3个独立中央空调系统：超市采用2台离心式冷水机组、百货采用2台离心式冷水机组、大商业采用1台机载离心式冷水机组和1台机载螺杆式冷水机组，并采用1台双工况冷水机组作为蓄冷机组，冷量3869kW，并利用消防水池（1650m³）蓄冷，蓄冷量1.3万kWh，蓄冷温差4℃~11℃，取冷温差5℃~12℃，占总冷负荷比例的27%。室内步行街商铺空调采用风机盘管加新风系统，全部采用壳管式显热回收新风空调风柜，热回收设备的新风量为17万m³/h；空调区域总新风量为63.3万m³/h，热回收效率为50%，热回收的新风比例为26.9%。壳管式显热回收新风空调机组热回收器每年运行时间为1500h，每年热回收量为18900kWh；系统的能效比为4，即每年节约耗电量4725kWh。

7.2 运行评价重点结果

该项目于2012年7月获得公共建筑类绿色建筑评价标识一星级，本书从中挑选适宜推广的绿色实践经验和做法具体介绍如下。

7.2.1 节地与室外环境

机动车均停放于地下车库内，共设置了3个地下车库出入口。此外，在前横路上设置了一个港湾式出租车停靠点；地下车库出入口采用右进右出的原则，以减少对干线交通的干扰；距离主要出入口500m内公交线路有11条，见图7.5。

该项目利用屋顶面积进行绿化，A区大商业屋顶可绿化面积为24037m²，而屋顶花园绿化面积为8037m²，所占比例33.4%，见图7.6。主要植物种类有：佛甲草、大王椰、狐尾椰子、中东海枣、苏铁，见图7.7。

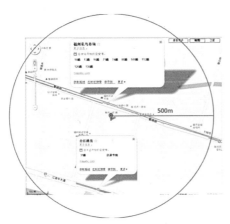

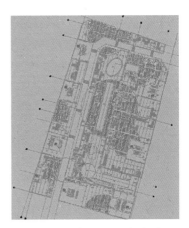

图7.5 福州金融街万达广场交通图   图7.6 屋顶绿化设计图

图7.7 屋顶绿化实景图   图7.8 地下室安装的隔油隔   图7.9 屋顶安装的排烟管
                                       渣池   道油烟净化器

　　项目餐饮废水经隔油隔渣池处理后，与生活污水、商业污水一起经化粪池处理后，纳入污水处理厂，见图7.8。在锅炉房内设置排污扩容器定期排放蒸汽锅炉产生的高温污水，污水经降温池降温处理后最终排入市政排水管；锅炉燃烧所产生的废气经由排烟管道从建筑顶部排放；地下室柴油发电机房，热气通过排烟管道直通屋顶排放；餐饮、厨房油烟经环保认证的油烟净化器净化后由排烟管道直通屋顶排放，见图7.9。地下室垃圾房的排风系统加设活性炭空气过滤装置。

7.2.2 节能与能源利用

（1）围护结构。项目针对该建筑外围护结构各项指标进行了建筑节能分析，并进行了建筑围护结构热工性能的权衡计算，以优化围护结构热工性能设计，建筑围护结构热工性能见表7.1。

建筑围护结构热工性能表   表7.1

	参照建筑	设计建筑	备注
窗墙比	与设计建筑相同	东面：32% 南面：4% 西面：22% 北面：22%	参照建筑与设计建筑同设计 建筑取自图纸
外窗	窗墙比≤0.2，传热系数K （W/m²·k）≤6.5 0.2≤窗墙比≤0.3，传热系 数K（W/m²·k）≤4.7 遮阳系数SC无要求	传热系数K（W/m²·k）=3.9 遮阳系数SC=0.83	参照建筑取自《公共建筑节 能设计标准》表4.2.2-5
屋面	传热系数K（W/m²·k）≤0.9	传热系数K（W/m²·k） =0.77（未计入屋顶绿化对 传热系数的影响）	参照建筑取自《公共建筑节 能设计标准》表4.2.2-5 设计建筑取自图纸
外墙	传热系数K（W/m²·k） ≤1.5	传热系数K（W/m²·k） =1.15	参照建筑取自《公共建筑节 能设计标准》表4.2.2-5 设计建筑取自图纸[a]
屋顶透 明部分	传热系数K（W/m²·k）≤3.5 遮阳系数SC≤0.35	传热系数K（W/m²·k） =3.2 遮阳系数SC=0.32	参照建筑取自《公共建筑节 能设计标准》表4.2.2-5 设计建筑取自图纸

（2）自然通风。建筑总平面设计有利于冬季日照并避开冬季主导风向，夏季利于自然通风。内遮阳有效防止了夏季太阳辐射，可开启窗则有助于夏季及过渡季的自然通风效果。实际建筑中，外窗可开启面积不小于外窗总面积的30%，建筑幕墙安装了可开启部分；同时，商场中庭部分采用可调通风窗，根据气候情况可实现自然通风，如图7.10所示。

（3）自然采光。本项目在室内步行街处设置采光顶，建筑采用高透玻璃，可见光透射比率高于50%，有助于自然光透入室内。建筑顶部设有玻璃天窗，及多个采光天井，同

图7.10 福州金融街万达广场中庭通风百叶及水幕降温实景

样有利于自然光透入建筑内部。由于商场建筑采用高透玻璃，在透光部分，如顶部玻璃天窗，采光天井及玻璃幕墙和玻璃隔断部分，在自然采光条件较好的时间段，可充分利用自然光，关掉人工照明，在改善室内环境质量的同时，并节省照明用电。

由上述的面积比例表及自然采光分布图7.11可知，各层室内步行街的自然采光较好，采光系数达到2%（约300lx）的面积比例均能保证在50%以上，能够起到减低照明能耗的作用。

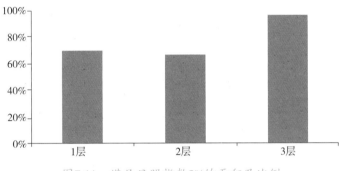

图7.11　满足日照指数2%的面积及比例

（4）通风空调系统。该项目冷源分设了3个独立的中央空调系统，其中，超市采用2台离心式冷水机组；百货采用2台离心式冷水机组；大商业采用1台机载离心式冷水机组，1台机载螺杆式冷水机组，并采用1台双工况冷水机组作为蓄冷机组，并利用消防水池蓄冷；输配系统也在超市、百货及大商业分别设置3个独立冷冻水系统，每个冷冻水系统均采用一次泵双管闭式循环系统；末端形式分两种：百货营业区、超市、影城、国美、大玩家都采用全空气系统；室内步行街采用风机盘管加新风的空调系统形式。

全空气系统运行参照室内外空气参数及CO_2浓度，实现新风供给量的自动控制。控制策略：夏季根据室内外CO_2浓度差控制最小新风量，CO_2浓度过高时，增大新风量；过渡季通过比较室内外空气的CO_2值差来确定增大或减小新风量；冬季通过比较室内外空气的温差，调节新、回风比例，以满足设计要求；新风比例调节范围0~60%。

商铺（室内步行街）采用风机盘管加新风的空调形式；百货营业区、超市、影城、国美、大玩家都采用全空气系统。影城的每个观众厅均设独立的双风机组合式空调系统；当系统处于部分负荷时，风系统依据CO_2感应器来调节新风供给量，以节约新风负荷；同时，也依据回风温度来调节全空气系统的新风量；风管管道设计采用定静压控制方法，以控制风机转速来控制送风量；水系统依据回水温度调节冷冻水量来满足送风温度，并利用变频器控制冷冻水水泵，以节约制冷系统的能耗。

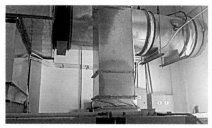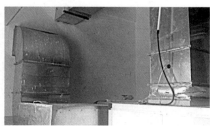

图7.12　显热回收新风机组

本项目采用变频器控制制冷系统的一次冷冻水和空调系统的送风机；利用热回收机组使排风对新风进行预热（或预冷）处理，降低新风负荷，如图7.12所示。

该项目的建筑设计总能耗低于国家批准或备案的节能标准规定值的80%，各部分设备节能情况如表7.2所示：

<table>
<tr><th colspan="4">各部分用能设备节能表　　　　　　　　　　　表7.2</th></tr>
<tr><th>耗电量</th><th>参照模型
x1000kWh</th><th>当前设计模型
x1000kWh</th><th>节能百分比%</th></tr>
<tr><td>冷负荷能耗</td><td>5814</td><td>3976</td><td>31.61%</td></tr>
<tr><td>冷却塔能耗</td><td>192</td><td>171</td><td>10.94%</td></tr>
<tr><td>风机能耗</td><td>7437</td><td>4502</td><td>39.46%</td></tr>
<tr><td>水泵能耗</td><td>1698</td><td>1383</td><td>18.55%</td></tr>
<tr><td>工艺负荷能耗</td><td>6210</td><td>6210</td><td>0.00%</td></tr>
<tr><td>照明能耗</td><td>9770</td><td>8170</td><td>16.38%</td></tr>
<tr><td>总计</td><td>31121</td><td>24412</td><td>21.56%</td></tr>
</table>

（5）建筑用电情况。金融街万达广场（购物中心）项目的用电主要构成包括：空调系统用电量、动力用电量、公共区域用电量、步行街和主力店用电量。以2012年度进行能源分析，年用电量见图7.13。该项目1~3月、11~12月能耗较低，5~10月较高，其中9月份达到最高约87万元占全年能耗的18%，5~10月间能耗占总的80%。

万达广场用电分为公共用电和代收代缴商户用电，公共用电部分包括暖通空调系统用电和动力系统用电以及公共照明、停车库、景观照明等用电。由图7.14可知，万达广场暖通空调系统中制冷主机占主要部分为57%，动力系统用电量主要由电梯和生活水泵构成，公共照明和停车场部分分别占65%和23%。

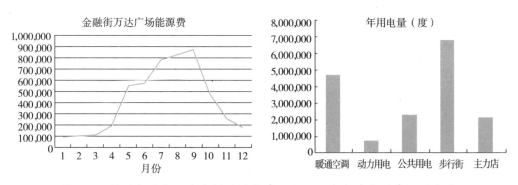

图7.13 福州金融街万达广场（购物中心）2012年年度能源费及用电量

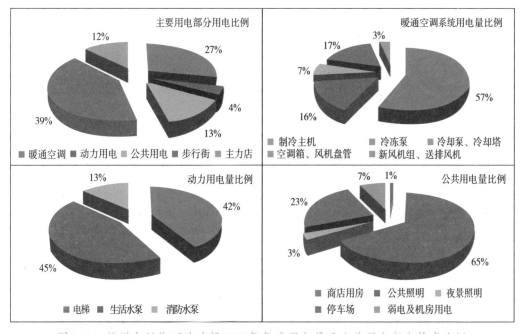

图7.14 福州金融街万达广场2012年年度用电量及公共用电部分构成比例

7.2.3 节水与水资源利用

（1）水系统规划。在方案、规划阶段制定水系统规划方案，统筹、综合利用各种水资源。该项目整栋建筑最高日用水量为3324m³，最大时用水量378m³。地下2层至地上1层由市政管网直接供水，2层及以上变频二次加压供水，2~5层的百货、大商业分别设水池及变频加压供水系统。排水系统的设计为室内污水及废水合流，先排至室外污水检查井，收集至小区化粪池处理后集中排至市政污水管网。

（2）高效节水设施。该项目选用了高效低耗的供水设备，如市政压力不足部分采用变频供水设备；生活水池采用了不锈钢材料，并设置杀菌处理设备以保证水质；设置了水量监控系统，根据不同用途，选择具有用水代表性的位置设置水表，以便于统计每种用途的用水量和漏水量，从而控制内部用水，减少水浪费，达到节水的目的；采用节水型卫生器具，已达到节约用水的目的。绿化灌溉采用高效节水的灌溉喷头，绿化设计选用灌溉需求较少的植物物种。屋顶绿化采用微喷灌的节水灌溉方式，节水率达30%，见图7.15。

（3）建筑用水情况。金融街万达广场公共水耗部分包括保洁用水、卫生间用水、绿化用水、空调补水、消防补水，商户水耗等。由图7.16可知，万达广场的主要用水为公共用水和商户用水，其中用水比例较高的是卫生间、保洁用水和餐饮商户。图7.17为该项目2012年各商铺全年的单位面积用水量。

图7.15　微喷灌水龙头

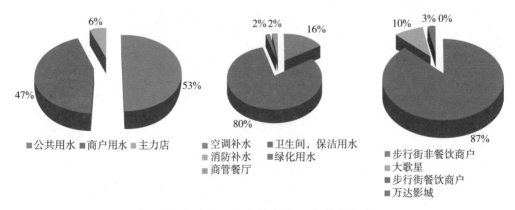

图7.16　金融街万达广场年度用水量构成比例

7.2.4　节材与材料资源利用

（1）建材选用。本项目在材料和施工过程中尽量选用当地生产或工地周边生产的建

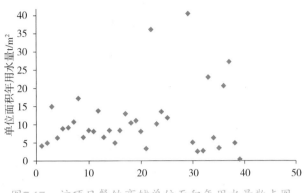

图7.17　该项目餐饮商铺单位面积年用水量散点图

筑材料，施工现场500km以内生产的建筑材料占总重量的98.8%，高性能混凝土（C50及以上）用量为21824m³，占竖向承重构件（混凝土用量48291m³）的比例为45.2%；主体结构均采用HRB400级钢筋（部分构造分布筋除外），高强钢筋用量占总用钢量的99%以上，详见表7.3。

选用本地建筑材料比重　　　　　　　　　　　表7.3

建材种类	总量	本地建材（t）
钢材	31777.55	27793.41
商品混凝土	230941	230941
水泥	4004.75	3972.72
加气砖	19976.91	19976.91
地材	47152.93	4/152.93
合计	333853.14	329836.97
比例		98.8%

（2）灵活隔断。在大商业内部使用了灵活隔断，从而减少了重新装修时的材料浪费和垃圾产生。该项目属于商场类建筑，包括室内步行街、百货、影院、KTV和国美电器、超市等部分，经计算，各层可变换功能的室内空间采用灵活隔断的平均比例为59%，各层灵活隔断面积比如图7.18所示。

（3）结构优化。建筑结构体系均根据建筑使用功能在确保安全性能的前提下为合理缩短工期，减少材料用量，进行了一系列的比选优化。

本工程设两层地下室：地下一层层高5.7m，地下二层结构层高5.2m，若底板采用普

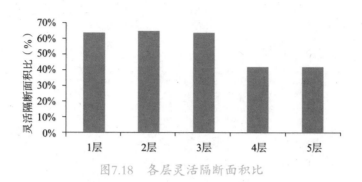

图7.18　各层灵活隔断面积比

通梁板体系，地梁高度约需1.1m。底板厚约需50cm。鉴于本场地地下水位较高，为相对于±0.00以下80cm，若能采取措施减少基坑开挖深度，则对土方量以及降水工程量及基坑支护工程量都将相应显著减少。经比较，确定底板采用无梁楼盖体系，板厚70cm，既便于施工（不需开挖地梁的沟槽）节省工期，又减少了基坑开挖深度，节约了大量资源。

地下一层及一层梁板本可采用加设次梁，但因地下一层为六级人防地下室顶板，一层需考虑上部建筑的嵌固要求，规范对板厚均有相应要求。经比选，确定采用除主框架梁外尽量不布置次梁，充分发挥板的承载力，以达到充分发挥材料强度的目的，节约资源。

大部分大商业主体结构设计，存在一些大悬挑以及大跨度梁，若按正常断面设计则不能满足使用空间要求，需要增加层高，造成资源浪费。经比选，确定该部分构件使用预应力钢筋混凝土，既保证其安全性，又使其能满足使用功能要求。

办公塔楼设计中，内框柱与核心筒间若采用梁板连接，会导致水电暖等综合布管后层高不足，需增加层高，经比选，采用由框柱与核心筒之间以适当加强的板来连接，既保证其安全性，又能节约层高，节约资源。

7.2.5　室内环境质量

（1）室内温度。对本项目的餐饮类和服饰类商店的温度环境进行了实测，结果见图7.19和图7.20，室内温度均在24.5℃～27℃之间。满足《建筑节能工程施工质量验收规范》GB50411-2007中要求，夏季不得高于设计温度2℃，且不低于设计温度1℃（商业室内设计温度为25℃）。

（2）室内风环境。此次对福州金融街万达广场购物中心的室内步行街部分进行风环境测评，选择夏季和过渡季的主导风向为东南（SE）风，室外风速3m/s；过渡季典型室外温度18℃以及设计工况下的计算冷负荷200W/m²（含人员、设备、照明热负荷及太阳热辐射等因素）作为计算工况，从图7.21可以看出，人员不会有吹风引起的不舒适感。

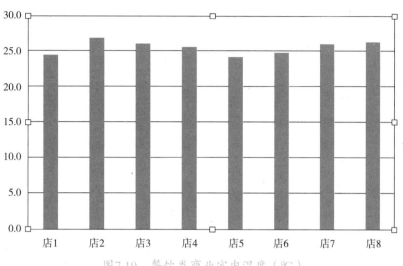

图7.19　餐饮类商业室内温度（℃）

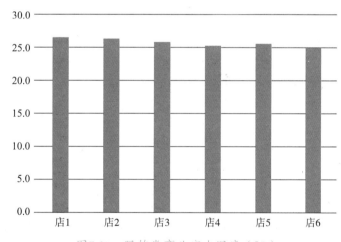

图7.20　服饰类商业室内温度（℃）

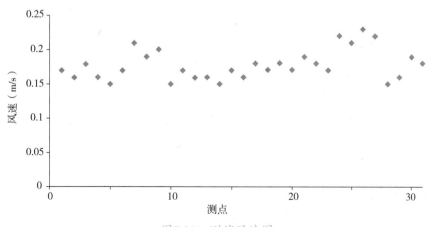

图7.21　测试风速图

（3）室内光环境。依据《照明测量方法》GB/T5700-2008，对室内照明进行了测试，测试以商户为单位进行检测，检测结果见图7.22和图7.23。餐饮类商业室内照明照度均不高，照度在70～280lx之间，服饰类商业室内照度较高，且差别较大，和服饰类别、装修设计、品牌定位等有关，照度在300～620lx之间。

（4）室内噪声检测情况。平面布局和空间功能安排符合噪声控制原则，设计机房布置在远离主要功能空间区域，经现场核查，对需要控制噪声和振动的设备机房设置吸声、隔声措施，设备设置消声、减振措施。测试结果见图7.24，满足《商场（店）、书店卫生标准》GB9670-1996商场噪声相应要求。

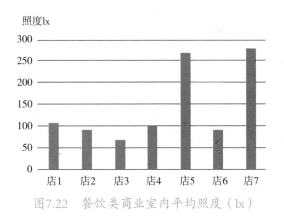

图7.22 餐饮类商业室内平均照度（lx）

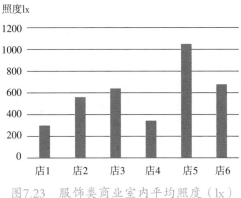

图7.23 服饰类商业室内平均照度（lx）

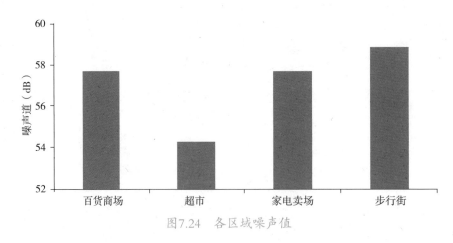

图7.24 各区域噪声值

（5）室内污染物浓度。该项目于2012年4月9日进行了室内空气质量检测，检测项目包括：甲醛（HCHO）、苯（C_6H_6）、氨（NH_3）和总挥发性有机物（TVOC）。检测方法采用分光光度法和气相色谱法。经检测，结果均满足Ⅱ类民用建筑工程室内环境污染物浓度限量，如图7.25所示。

仪器名称及编号	I 012可见分光光度计，I 052双气路大气采样器，I 050气相色谱仪-质谱联用，I 046自动热脱附			
检测地点	福州市台江区鳌峰街道福光路万达广场			
检测项目	甲醛（HCHO）、苯（C$_6$H$_6$）、氨（NH$_3$）、总挥发性有机物（TVOC）			
检测依据	《民用建筑工程室内环境污染控制规范》GB 50325-2006 《室内空气质量标准》GB/T 18883-2002 《公共场所空气中甲醛测定方法》GB/T 18204.26-2000 《公共场所空气中氨测定方法》GB/T 18204.25-2000			
检测方法	分光光度法、气相色谱法			
采样环境条件	温度：22.8℃　　相对湿度：39.8%　　大气压：100.8kPa			

取样点 ＼ 污染物	甲醛（mg/m³）	苯（mg/m³）	氨（mg/m³）	TVOC（mg/m³）
家电卖场一层空调区	0.02	0.01	0.03	0.43
家电卖场一层燃气区	0.01	低于检出限	0.03	0.48
家电卖场二层	0.03	低于检出限	0.17	0.26
超市婴幼儿用品区	0.07	0.02	0.05	0.51
超市服装区	0.06	低于检出限	0.09	0.57
步行街服装品牌店1	0.03	低于检出限	0.02	0.52
步行街服装店2	0.03	低于检出限	0.14	0.55
步行街（广场）	0.03	低于检出限	0.02	0.34
万千百货五层	0.10	低于检出限	0.12	0.49

（测试结果）

图7.25　室内空气质量检测报告截图

7.3 亮点技术推荐——照明系统节能运行模式

7.3.1 设计思路详述

本项目的照明系统光源形式为高效灯具节能光源。在满足眩光限制的条件下，优先选用效率高的灯具以及开启式直接照明灯具，室内灯具效率不低于60%，灯具放射罩具有较高的反射比；采用电子镇流器，荧光灯单灯功率因数不小于0.9；金属卤化物灯气体放电灯设无功单独就地补偿，单灯功率因数低于0.9，所有镇流器符合该产品的国家能效标准，主要灯具包括金卤灯、T5灯等；地下停车场采用了LED作为人工照明光源。

图7.26　照明控制系统监控界面（左）及日计划管理界面（右）

照明控制策略包括定时控制、场景控制、单回路远程控制、系统监控、日计划管理、BMS、IBMS集成功能等，其控制系统界面如图7.26所示。所有公共走道、楼梯间采用节能灯及延时节能开关；变压器采用高效节能的干式变压器；一般照明灯具采用节能灯及带自补偿装置的高效光源，同时采用自然采光措施。

（1）定时控制。根据步行街日常的运行要求在不同时段采用不同灯光组合。例如白天上下班人流量大的时间段内定时开启部分灯光；晚上营业时间段内开启全部灯光；停止营业后仅开启24h照明回路。定时控制可如下设置，其时间段和灯具开闭情况需按照步行街实际情况设定，具体运行模式见表7.4。

控制照明系统运行策略　　　　　　　　　　表7.4

时间段	状态	灯具开闭情况
10:00~18:00	白天营业	开启全部一般照明回路+部分装饰照明回路
18:00~22:00	夜晚营业	开启全部一般照明回路+全部装饰照明回路
23:00~次日10:00	夜间模式	仅开启24h照明回路

（2）场景控制。可预设多种场景，例如全开模式、特定灯光等，只需要在管理中心通过电脑鼠标按键便能进入相应的预设场景，实现整个大厅的灯光效果整体控制。例如阴天或下雨天时，外界光线较暗，在白天营业期间亦可将全部装饰性照明回路打开，增加环境亮度的同时使整个步行街更有层次、更具美感。采用场景控制方式，操作员只需点击一个场景按钮即可完成操作，无需依靠经验逐一开闭照明回路，既简单又方便。

（3）单回路远程控制。监控系统软件可对系统内任意单独回路做远程监控，实现比场景控制更精细化的控制效果。例如，在回路检修时，通过监控系统软件关闭检修的回路，其他回路并不受影响。

7.3.2 实测数据分析

商户的开业时间主要集中在上午9点～10点，比例累计达到88%。而在开灯时间的选择上，早于9点开业的商户基本上保持开业时间与开灯时间同步；而在9点之后营业的商户，有15%左右的商户则选择了先于其开业时间的9点开灯，这也使得在9点开灯的商户比例最高，达到60.19%；商户的关门则时间绝大部分集中在晚上22点，比例达到92.31%。但在熄灯时间方面22点关门的商户有近2%选择了早于其关门时间21点熄灯，如图7.27所示。

如图7.28所示，零售类和超市类商户的高峰期照明时间大部分是9点～22点的全营业

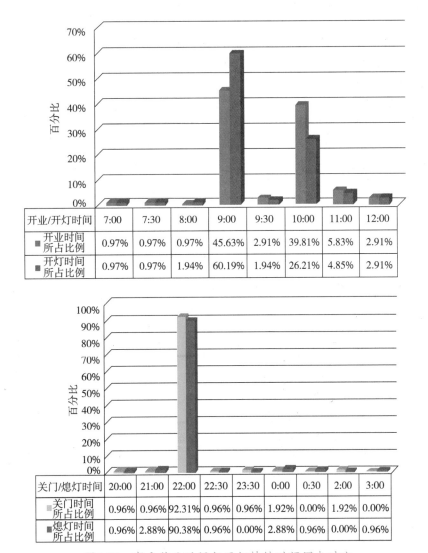

开业/开灯时间	7:00	7:30	8:00	9:00	9:30	10:00	11:00	12:00
开业时间所占比例	0.97%	0.97%	0.97%	45.63%	2.91%	39.81%	5.83%	2.91%
开灯时间所占比例	0.97%	0.97%	1.94%	60.19%	1.94%	26.21%	4.85%	2.91%

关门/熄灯时间	20:00	21:00	22:00	22:30	23:30	0:00	0:30	2:00	3:00
关门时间所占比例	0.96%	0.96%	92.31%	0.96%	0.96%	1.92%	0.00%	1.92%	0.00%
熄灯时间所占比例	0.96%	2.88%	90.38%	0.96%	0.00%	2.88%	0.96%	0.00%	0.96%

图7.27 商户营业时间与开灯持续时间调查对比

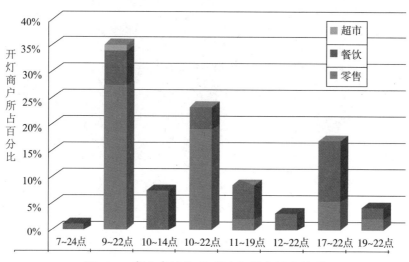

图7.28 商户高峰期照明运行模式调查结果

时间，说明这些商户一天中照明设备基本上处于全开的状态；餐饮类商户的高峰期照明时间大部分是17点～22点的晚饭时间，由于室外照度较低，客流量较大，所以在此段时间保持照明设备全开的状态。

在对商户人员进行照明调节行为的调查时发现，工作人员对于是否根据客流量大小及时通过开关灯数量调节室内照明时，体现为两个极端：49.52%的工作人员表示从不这么做；而24.76%的工作人员表示一直这么做，如图7.29所示。

根据商场照明的实测数据分析可得：餐饮类店铺的照度普遍低于百货店铺的照度，究其原因是餐饮区域通常希望为用餐者提供较为柔和的光照用餐环境，而百货通常利用较强照明以期给产品营造一个炫目效果，吸引客户。根据调研，消费者对于商场照明情况的满意率达到了88.7%。

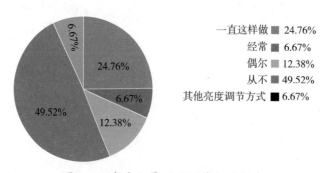

图7.29 商户人员照明调节行为调查

该项目属于商场类建筑，因此用户包括消费者和商户两类。本书测试组于2013年9月22日至9月25日对福州金融街万达广场购物中心开展了现场调研工作。此次调研了福州金融街万达广场的7个主力店和60多个零售店，并随机对该广场的近500多位消费者进行了问卷调研。此次发放调研问卷600份，回收有效问卷565份。

7.4.1　消费者感受调研结果

（1）基本信息统计

在本次测评用调查问卷涉及的消费者中，女性消费者比例达到67.58%；而消费者的年龄主要集中在21~30岁，比例达65.61%，涉及年龄层也由20岁以下至60岁不等；而在消费目的上，以餐饮消费目的为最高，购物和影院紧随其后；所调查消费者的消费时间近半成集中在1~2h；其在本商场消费的频次以一周多次和一周一次偏多，比例分别达到39.53%和34.83%，说明接受调查的消费者对该商场的建筑环境感知可信度较高，如图7.30~图7.34所示。

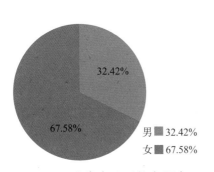

图7.30　消费者性别构成调查

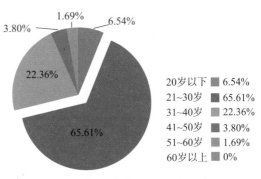

图7.31　消费者年龄构成调查

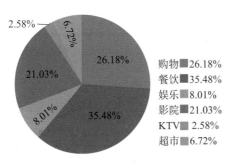

图7.32　本次消费目的调查

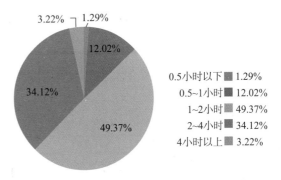

图7.33　消费时间调查

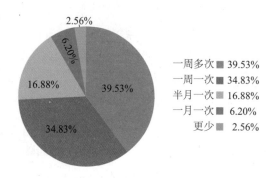

图7.34 在该商场消费频次调查

（2）热湿环境满意度

消费者对商场内温度舒适度的满意度上，只有4.66%的消费者认为商场内的温度是让他们稍感不适的，而不舒适的原因以感觉较凉为主，比例达到55.71%，其次为感觉较暖，比例为22.62%，并没有太多很冷或很热的极端感觉。

消费者对商场内干湿度舒适度的满意度上，只有5.70%的消费者认为商场内的干湿情况是让他们稍不适应的，而不适应的原因以感觉较干为主，比例达55.62%，其次为感觉较湿，比例为34.32%，无太多很干或很湿的极端感觉，见图7.35。

（3）光与声环境满意度

大部分消费者对于商场照明情况较为满意，少数消费者不满意的原因主要是光线刺眼和照明设备亮度不够；对于商场内背景噪声，绝大多数消费者是可以接受的，如图7.36所示。

（4）空气品质与风环境满意度

大部分消费者认为商场内吹风感舒适或非常舒适，少数感到不舒适的主要原因是大门入口处有较强的吹风感，如图7.37所示。大部分消费者认为商场内完全没有很闷的感觉也没有异味。感觉闷的区域主要有餐饮区、超市、卫生间、进门角落、电梯内等，如图7.38

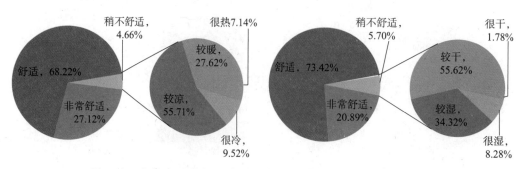

图7.35 消费者对商场温度（左）湿度（右）情况满意度调查

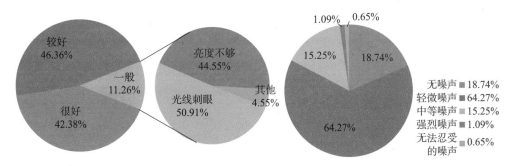

图7.36 消费者对商场光环境（左）和声环境（右）的满意度调查

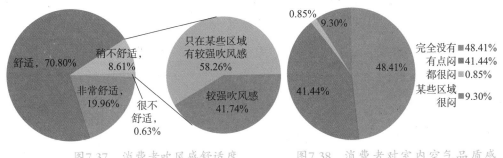

图7.37 消费者吹风感舒适度 图7.38 消费者对室内空气品质感受（闷）

所示。

（5）交通和人流设计的满意度

该商场所在位置的交通便捷性较为合理，基本能够满足其商圈辐射范围内消费者的交通出行要求，如图7.39所示。

对消费者进行商场人流动线设置满意度调查的结果如图7.40所示，75.5%的消费者认为商场内电梯等设施的设置是方便快捷的；63.6%的消费者认为商场内标识与指示牌的帮助效果是较好或很好的；51.1%的消费者认为商场的休息区能够比较快捷的找到；63.9%

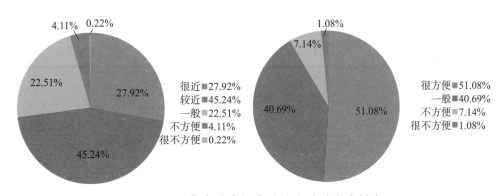

图7.39 消费者对商场交通便捷性满意度调查

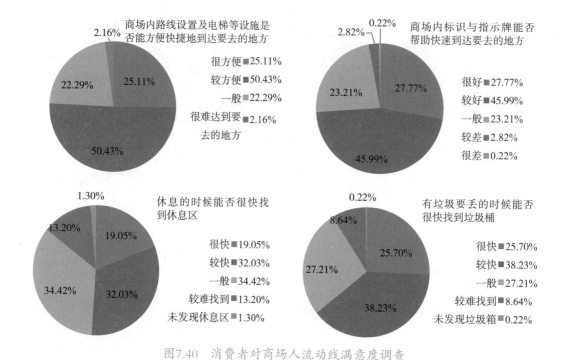

图7.40 消费者对商场人流动线满意度调查

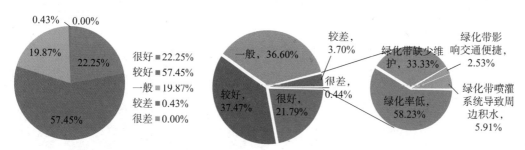

图7.41 消费者对商场业态分布（左）和室外绿化（右）满意度调查

的消费者表示要丢垃圾时，能够较快捷的找到垃圾箱。4个方面满意度的正面评价均超过半数以上，说明该商场人流动线的设置较为合理。

（6）其他设施的满意度

消费者对该商场业态分布合理性的评价，回答为"较好"的比例达到57.45%，同时只有不足1%的消费者认为业态分布较不合理或很不合理，说明消费者对该商场的业态分布满意度较高，布置较为合理。认为商场室外绿化较好和很好的消费者达74%，如图7.41所示。统计不满意的原因，提高绿化率和增加绿化带维护这两方面建议值得物业管理方考虑。

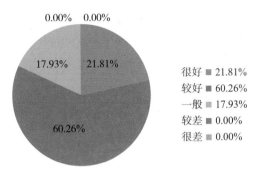

图7.42 消费者对商场总体建筑环境满意度调查

（7）建筑总体环境感知

综合考虑温湿度、空气品质、采光及噪声等因素，消费者对商场总体建筑环境的评价以"较好"比例最高，达60.26%。因此，该商场内的综合环境情况还是比较令人满意的，如图7.42所示。

7.4.2 商户感受调研结果

（1）基本信息统计

在本次测评用调查问卷涉及的商户工作人员中，女性工作人员比例达到75.37%；而商户工作人员的年龄绝大部分集中在21~30岁，比例高达83.46%，；而在工龄的构成上以1~3年为主，比例达57.36%，说明接受调查的商户人员对其工作环境比较熟悉和了解，如图7.43~图7.45所示。

在所调查商户的销售类型中零售类达到一半以上，比例为53.17%，餐饮类次之，比例达33.33%；而所调查商户工作人员的工作区域也以购物区为主，比例为59.02%，餐饮区次之，比例为31.15%，商户销售类型的构成比例相近，如图7.46和图7.47所示。

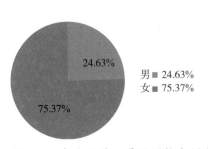

图7.43 商户工作人员性别构成调查

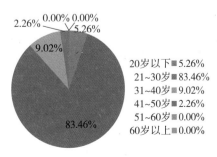

图7.44 商户工作人员年龄构成调查

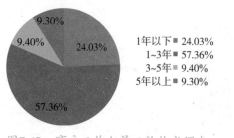

图7.45　商户工作人员工龄构成调查

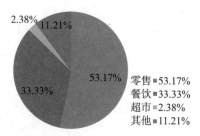

图7.46　商户销售类型调查

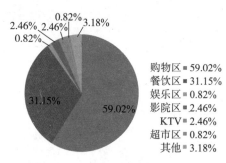

图7.47　商户人员工作区域调查

（2）热湿环境满意度

商户工作人员对其所在区域的温湿度满意情况也以舒适度适中居多，如图7.46所示。

（3）光与声环境满意度

大部分商户工作人员对于其工作环境的照明效果是满意的，少数人觉得灯光太刺眼或灯光昏暗。大多数商户工作人员对商场内的背景噪声环境是可以接受的。如图7.49所示。

（4）空气品质与风环境满意度

在商户工作人员中，认为工作环境有点闷的员工比例占据第一，达55.47%，超过一半，这与商户工作人员在室内停留时间较长有关。而在吹风感方面，大多数工作人员认为其所在区没有吹风感，比例达56.30%，见图7.50。同时，一些消费者提出商场存在餐饮区、超市、卫生间等区域较闷以及卫生间异味较大的问题，有待改进。

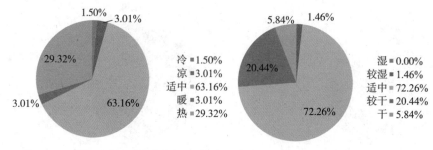

图7.48　商户工作人员对商场温度（左）和湿度（右）情况满意度调查

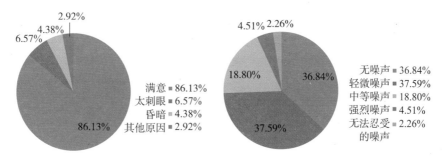

图7.49　商户工作人员对商场光环境（左）和声环境（右）的满意度调查

满意 ■ 86.13%
太刺眼 ■ 6.57%
昏暗 ■ 4.38%
其他原因 ■ 2.92%

无噪声 ■ 36.84%
轻微噪声 ■ 37.59%
中等噪声 ■ 18.80%
强烈噪声 ■ 4.51%
无法忍受 ■ 2.26%
的噪声

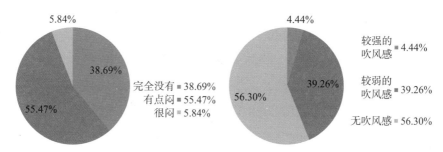

图7.50　商户工作人员对商场通风情况满意度调查

完全没有 ■ 38.69%
有点闷 ■ 55.47%
很闷 ■ 5.84%

较强的 ■ 4.44%
吹风感
较弱的 ■ 39.26%
吹风感
无吹风感 ■ 56.30%

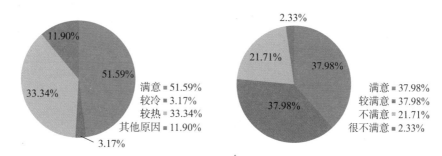

图7.51　商户工作人员对商场空调设备使用情况（左）和操作便捷性（右）满意度调查

满意 ■ 51.59%
较冷 ■ 3.17%
较热 ■ 33.34%
其他原因 ■ 11.90%

满意 ■ 37.98%
较满意 ■ 37.98%
不满意 ■ 21.71%
很不满意 ■ 2.33%

（5）空调设施满意度

总体来看，商户工作人员对商场内空调设备使用情况的满意度，以及对空调等设备操作便捷性的满意度评价都较好，如图7.51所示。

（6）油烟情况满意度（餐饮区工作人员）

餐饮区大部分工作人员对油烟排放情况较为满意，如图7.52所示。

（7）总体建筑环境

综合考虑温湿度、空气品质、采光及噪声等因素，商户工作人员对商场总体建筑环境的评价较好，如图7.53所示。

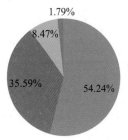

満意 ■ 54.24%
较満意 ■ 35.59%
不満意 ■ 8.47%
很不満意 ■ 1.79%

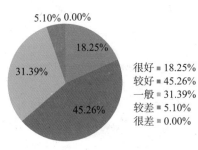

很好 ■ 18.25%
较好 ■ 45.26%
一般 ■ 31.39%
较差 ■ 5.10%
很差 ■ 0.00%

图7.52　餐饮区工作人员对商场油烟情况（仅餐饮区）满意度调查

图7.53　商户工作人员对商场总体建筑环境满意度调查

7.4.3　问卷与实测结果对比分析

将调研使用者主观感受与现场测试的主要结果进行对比，如表7.5所示。可以看出，在热环境、风环境、光环境、声环境、室内空气品质和整体环境满意度等几个方面，室内使用者主观感受与现场实测结果都较为吻合。该项目的实际运行情况良好。

室内使用者主观感受与现场测试主要对比表　　　　　　表7.5

类别	室内使用者主观感受	现场测试结果
温度	较为满意，局部区域温度不均衡	室内不用区域温度均在24.5℃～27℃之间
光环境	多数较为满意，局部商铺灯光刺眼或昏暗	餐饮类商业室内照明照度均不高，照度在70～280lx间，服饰类商业室内照度较高，且差别较大，和服饰类别、装修设计、品牌定位等有关，照度在300～620lx之间
风环境	入口等少数区域存在局部高风速和较强的吹风感，而部分消费者和工作人员认为其工作环境有闷热感，无吹风感	一层风速0.5m/s～2.0m/s，二层及三层风速0.3～1.0m/s
室内空气品质	购物区较满意，卫生间及部分餐饮区空气质量不佳	室内甲醛平均浓度0.03mg/m³
		室内苯平均浓度0.01mg/m³
		室内氨平均浓度0.05mg/m³
		室内TVOC平均浓度0.06mg/m³
室内噪声环境	轻微噪声，适度接受	商场内各区域的噪声值在55～59dB（A）
整体环境	较为满意，保持现状	商场内路线设置、标识设置、休息区设置以及垃圾桶设置均较为满意

8

深圳万科城四期

8.1
项目简介

8.1.1 工程概况

深圳万科城项目位于深圳市梅林关外的龙岗区布吉镇坂雪岗片区，由深圳市万科房地产有限公司于2003年通过公开市场拍卖获取，属于住宅类项目，总占地面积44.04万m^2，建筑面积45.27万m^2，共4000余户，拥有完善的配套设施，包括约3万m^2社区商业配套和九年制公立学校。

深圳万科城四期位于万科城项目的东北侧，于2005年6月开始前期设计，2009年1月竣工。占地面积96201m^2，建筑面积125986.21m^2，包括高层住宅、低层住宅、商业、小区配套和幼儿园，高层户数占总户数的81.2%；项目绿地率38.1%；高层住宅采用剪力墙结构，低层住宅采用框架结构，项目区位图和鸟瞰图如图8.1和图8.2所示。

2006年4月，深圳万科城四期项目通过国家发改委"国家十大重点节能工程"评审，成为唯一的"绿色建筑综合示范项目"。2006年6月，万科城四期成为深圳市首批循环经济示范项目及首批绿色建筑示范项目。项目于2009年3月获得住宅类三星级绿色建筑（设计）评价标识，于2011年2月获得住宅类三星级绿色建筑运行评价标识。

图8.1 深圳万科城四期区位图　　　图8.2 深圳万科城四期实景图

8.1.2 创新点设计理念

万科城四期从2005年6月开始绿色建筑的研发实践，逐渐建立起"因地制宜"、"被动式设计优先"、"全生命周期"的原则，在节地、节能、节水、节材、室内环境质量及运营管理6个层面展开，进行了系统的创新，主要解决以下在华南地区属于开创性的技术问题。

（1）围护结构节能60%。控制窗墙面积比，充分利用遮阳，采用LOW-E 玻璃；此外，高层建筑采用加气混凝土砌块和无机保温砂浆，低层建筑采用加气混凝土砌块，实现节能60%以上。

（2）夏热冬暖地区实用的自然通风设计。通过自然通风模拟分析，优化小区规划及户型设计；将窗的可开启扇占房间地面面积比例调整到10%以上（《夏热冬暖节能设计标准》要求8%）。

（3）遮阳与建筑一体化设计。与建筑一体化设计的可调百叶外遮阳装置，并综合考虑节能、自然通风、调节光线、室内舒适度。

（4）无机保温砂浆内保温在夏热冬暖地区特定气候下的应用。与厂家一道对于无机保温砂浆的导热系数、收缩率、耐水强度等性能进行论证并实地做样板进行验证，形成综合的隔热技术实施方案。

（5）生态水环境水量平衡及水质保障。利用天然冲沟形成水景及旱溪，水质达到地表四类水质；水景及旱溪采用膨润土，允许渗水；实现水景补水、绿化浇灌、道路喷洒、车库冲洗采用中水，中水利用率达到37.3%。

（6）土建与装修一体化设计施工。利用万科集团多年成功实践总结出来的全面家居土建装修一体化成果，打造玄关整合系统、厨房便捷系统、卫浴集成系统、卧室收纳系统及客厅明亮系统。

（7）有机垃圾生化处理设备的分类收集、处理和利用。深圳垃圾未分类处理，小区垃圾分类收集缺乏实际意义。万科尝试在小区应用有机垃圾生化处理装置，解决垃圾100%分类收集、有机垃圾100%处理、有用垃圾卖给回收站，见图8.3。

（8）零能耗实验住宅。项目2009年1月建成对外开放，公众可以进行展示、体验、实验，为万科深圳区域的绿色建筑大规模实践积累技术储备及了解客户的实际感受、需求，见图8.4。

图8.3　垃圾生化处理系统

图8.4　零能耗实验楼

8.2 运行评价重点结果

该项目于2011年2月获得三星级住宅类绿色建筑运行评价标识，本书从中挑选适宜推广的绿色实践经验和做法具体介绍如下。

8.2.1　节地与土地利用

该项目合理开发利用地下空间高层住宅地下空间用于停车及设备，低层住宅地下空间用于储藏，地下建筑面积与地面建筑面积比例为23.14%。小区主要出入口距公交车站距离约50m。项目采用孔隙比大于40%的植草砖、生态水渠、人工湿地、人行渗水路面，透水地面的比例为61.14%，绿地率38.1%，见图8.5。

住宅外窗多为南北向，控制东西向窗的数量；窗地比最小为15.28%，主要集中在20%~50%，均大于1/7（14.3%）；且功能房间的采光系数均大于1%。

图8.5　小区内生态水渠、活动场地与透水地面

8.2.2　节能与能源利用

（1）围护结构。该项目高层围护结构节能61.1%～63.46%；低层围护结构节能62.06%～63.24%。屋面采用倒置式隔热体系，采用150mm钢筋混凝土楼板及30mmXPS隔热层；外墙主体部分：高层住宅采用200mm 加气混凝土砌块25mm 无机保温砂浆，见图8.6。低层住宅采用200mm 加气混凝土砌块。同时，综合窗墙比小于0.26，高层住宅综合窗墙比为0.24～0.26；低层住宅综合窗墙比为0.20～0.23。所有功能房间的外窗可开启面积占地面面积的比值10.01%～28.02%，均大于10%。此外，项目全部采用LOW-E玻璃，玻璃的可见光透射比大于0.5，见图8.7。项目采用铝合金可调百叶外遮阳，遮阳百叶角度根据需求进行调整，对房间的节能、采光、通风、私密性方面起到良好的效果，见图8.8。

（2）太阳能热水系统。高层住宅（678 户）计70户采用150L/户的直插式太阳能真空管热水系统。低层住宅（157 户）计157户采用400L/户太阳能平板热水系统。高层、低层住宅合计227户使用太阳能光热系统，占万科城四期总户数836户（含1栋零能耗实验楼）的27%（热水比例占到44.7%），如图8.9所示。

（3）项目公共部分用电量。住宅类建筑公共部分用电主要为照明，因此夏季时段的用电量低于冬季时段用电量，该记录结果符合实际情况，如图8.10所示。

图8.6　无机保温砂浆　　　图8.7　LOW-E玻璃　　　图8.8　可调节外遮阳装置

图8.9　太阳能平板热水系统

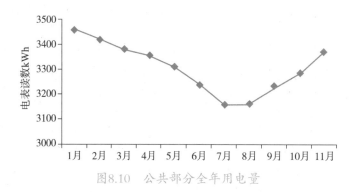

图8.10　公共部分全年用电量

8.2.3　节水与水资源利用

（1）水系统规划设计。深圳万科城四期规划生态水环境系统，包括：绿化浇灌、道路喷洒、车库冲洗、垃圾房冲洗、水景补水等全部采用中水；生态水渠水质达到地表四类水质；雨水利用以渗透为主、收集利用为辅；中水利用工艺采用经过万科多个项目成功检验的生态技术。

（2）节水型器具。本项目100%采用节水型器具，可有效节约水资源使用量，见图8.11。

（3）中水利用。收集生活污水经过格栅A2/O絮凝沉淀工艺作为前处理，通过一级人工湿地进行再处理，出水经次氯酸钠杀菌消毒，进入清水池；一部分作为绿化浇灌及道路、地下车库、垃圾房的冲洗，一部分进入二级人工湿地进行深度处理，供景观水景补水。中水用量为271.5m³/d。中水主要位于公共区域，中水和雨水收集处理后用于人工湿地及景观用水，由万科物业统一进行管理。本项目的中水利用率为30.03%。

整个小区采用了生态水系统。生态水景利用自然冲沟规划水景及旱溪；底部采用膨润土，具备一定的透水性能；通过循环及人工湿地水质处理，水景水质达到地表四类水质；形成生态水景。项目四期的生态水景静水区采用中水补水，动水区有生态驳岸及复层绿化植物，见图8.12和图8.13。

图8.11　节水器具

图8.12　四期生态水景（静水区）

图8.13　四期生态水景（动水区）

（4）雨水利用。项目高层平屋面、低层坡屋面及绿地的干净雨水进入生态水渠及旱溪；旱溪的雨水汇集进入205.8m³的蓄水池，作为晴天的绿化浇灌，道路冲洗等用水，低层屋顶及庭院雨水通过暗管排入住宅区景观湖体进行水景补水。雨水以渗透为主、收集利用为辅：收集两侧低层坡屋面及绿地的干净雨水进入生态水渠及旱溪，人工湿地收集到的雨水进入清水池；雨水渗透通过61.14%的透水地面（包括绿地38.1%、孔隙大于40%的植草砖、3000m²生态水渠、500m²人工湿地等）。该项目的雨水利用率为4.3%。

（5）项目用水量。项目的水量平衡设计为：设计用水量为762.8m³/d，居民生活用水为488.3m³/d；绿化浇灌110m³/d、道路喷洒79.8m³/d、车库冲洗31.7m³/d、球场垃圾房冲洗0.88m³/d、水景补水49.2m³/d，采用中水，项目的设计值非传统水源利用率为34.3%。

项目运营一年期间，入住率为78%，根据物业抄表数据，项目2009年的实际总用水量如图8.14所示，全年雨水利用率为6.8%；全年中水利用率（全年平均入住率78%）为30.5%，因此得到2009年全年实际非传统水源利用率37.3%，略高于设计值。

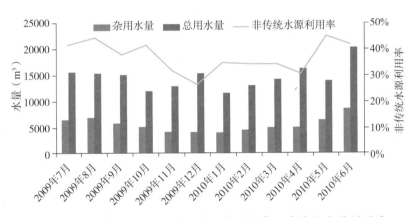

图8.14　2009年7月～2010年6月逐月用水量及非传统水源利用率

8.2.4　节材与材料资源利用

万科城四期住宅项目的建筑造型要素简约，装饰性构件造价占工程造价的0.27%，远小于2%。100%采用商品预拌混凝土。

（1）可再利用材料。室内外填充墙体均采用具有自保温功能的加气块，所用加气块均将工业废弃物粉煤灰作为主要的原料，其粉煤灰的重量占加气块的重量为34%，达到30%以上，采用该加砌块占同类材料的比例为46.54%。钢材、木材、铝合金型材、玻璃、石膏制品等可再循环材料总重量26296.77t，建筑材料总重量202024.68t，可循环材料总重量占建筑材料总重量比例为13.02%。本项目施工所产生的固体废弃物包括纸板、金属、混凝土砌块、沥青、现场垃圾、饮料罐、塑料、玻璃、石膏板、木制品等。废弃物再利用占废弃物总量比例为41.41%，用量见表8.1。

废弃物再利用占废弃物用量　　　　　　　表8.1

材料名称	材料用量 （kg）	废弃材料重量 （kg）	废弃材料利用量 （kg）
建筑砂浆	44154896	4415489	1324646
石材	2620441.2	131022	65511
砌块	14277297.42	2141594	1070797
钢材	11687603.73	584380	584380
铝合金型材	576251.31	28822	28822
门窗玻璃	2433849.48	121692	—
纸板	—	—	—
沥青	—	—	—
石膏板	—	—	—
木制品	—	—	—
废弃物总量		7422999	
废弃物利用量			3074156
废弃物为原料生产的建材使用比例			41.41%

（2）土建装修一体化。高层住宅100%实施了土建装修设计施工一体化，如图8.15所示。

100%采用节水器具

防撞击门套

采用品牌衣柜

可视对讲+刷卡布撤防盗

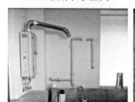
热水器安装在室外

玄关收纳空间

卫生间设置排水渠

洗澡间设置防滑措施

图8.15　精装修住宅

8.2.5 室内环境

（1）室内热湿环境。本书测试组于2014年11月24日～2014年12月7日对深圳万科城四期住户进行入户实测，选取了20户典型住户，室内最高温度30.1℃，最低温度24.5℃，平均室内温度26.9℃；选取了14户典型住户进行室内湿度测试，室内最高湿度65.4%，最低湿度53.1%，平均室内温度60%，见图8.16。

（2）室内光环境。本书测试组于2014年11月24日～2014年12月7日对深圳万科城四期住户进行入户实测，选取了18户典型住户，室内照度最高516lx，室内照度最低51x，其原因是测试时间不同，有些住户是下午四、五点开灯情况下测试室内照度，测试结果如图8.17所示。室内照度测试结果满足标准要求。

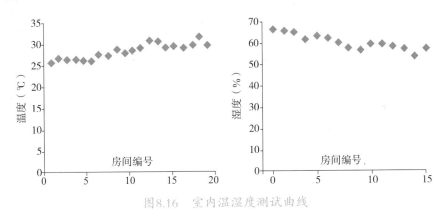

图8.16　室内温湿度测试曲线

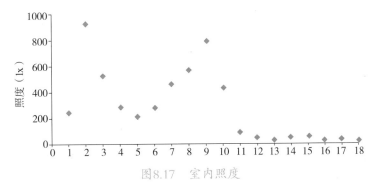

图8.17　室内照度

（3）室内噪声环境。住宅采用了铝合金中空玻璃窗（隔噪30dB以上）。户间楼板进行防撞击声的设计：楼板120mm实心混凝土楼板＋5mm隔音垫＋40mm细石混凝土+3mm聚乙烯垫复合木地板，如图8.18和图8.19所示。计权标准化撞击声压级约60dB。

其中隔声楼板的构造为地板悬浮直铺，自下而上：涂料（或顶纸）+2mm厚腻子+批3～5mm厚混凝土楼板+120mm厚混凝土楼板+30mm厚细石混凝土+3mm厚自流平+2mm厚防潮垫+12mm厚实木复合地板，如图8.20和图8.21所示。

图8.18　高层浮筑楼板实景图　　　图8.19　高层精装修采实木用地板

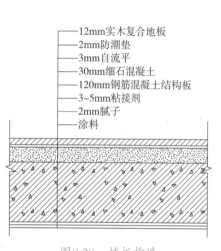

12mm实木复合地板
2mm防潮垫
3mm自流平
30mm细石混凝土
120mm钢筋混凝土结构板
3~5mm粘接剂
2mm腻子
涂料

图8.20　楼板构造

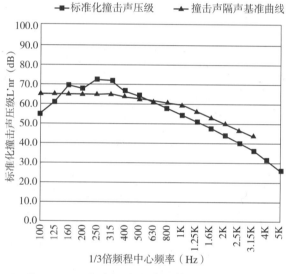

图8.21　测试楼板撞击声隔声频率特性曲线

建筑围护结构采取有效的隔声、减噪措施。卧室、起居室的允许噪声级在关窗状态下白天不大于45dB，夜间不大于35dB。楼板和分户墙的空气声计权隔声量不小于45dB，楼板的计权标准化撞击声声压级不大于70dB。户门的空气声计权隔声量不小于30dB；外窗的空气声计权隔声量不小于25dB，沿街时不小于30dB。深圳万科城四期建筑构件隔声性能，均满足国家相关标准要求，如表8.2所示。

建筑构件计权隔声量监测结果　　　　　　　表8.2

监测项目	监测结果（dB）		绿色建筑标准	是否满足
分户墙空气声隔音量（200厚非承重小型加气混凝土砌块+20厚水泥石灰膏砂浆）	计权隔声量	≥46	≥45dB	满足

续表

监测项目	监测结果（dB）		绿色建筑标准	是否满足
分户墙空气声隔音量（200厚钢筋混凝土墙体+20厚水泥石灰膏砂浆）	计权隔声量	≥60	≥45dB	满足
楼板空气声隔音量（120厚钢筋混凝土楼板）	计权隔声量	60	≥45dB	满足
楼板撞击声压级（120厚钢筋混凝土楼板+碳化竹地板）	计权隔声量	69	≤70dB	满足
楼板撞击声压级（120厚钢筋混凝土楼板+40厚细石混凝土+3～5厚隔音垫+复合木地板）	计权隔声量	60	≤70dB	满足
外窗（普通铝合金窗+Low-E中空玻璃）	计权隔声量	>30	≥25dB（沿街30dB）	满足
外窗（普通铝合金窗+透明玻璃）	计权隔声量	30	≥25dB（沿街30dB）	满足
户门	计权隔声量	30	≥30dB	满足

（4）室内污染物浓度。该项目主要对室内的氡、甲醛、TVOC和苯这四项污染物进行了检测。按照5%的抽检比例，共抽取36套典型住宅，测点198个，选取其中一个测点的测试结果如表8.3所示。检测结果显示：深圳万科城四期住宅项目的室内污染物氡、甲醛、TVOC和苯浓度限量符合GB50325-2001对Ⅰ类民用建筑工程的要求。

室内某房间的污染物浓度检测结果 表8.3

编号	检测项目（污染物种类）	规范要求		检测结果	
		Ⅰ类	Ⅱ类	浓度	单项评定
1	氡（Bq/m³）	≤200	≤400	19.4	Ⅰ类合格
2	游离甲醛（mg/m³）	≤0.08	≤0.12	0.06	Ⅰ类合格
3	TVOC（mg/m³）	≤0.5	≤0.6	0.39	Ⅰ类合格
4	苯（mg/m³）	≤0.09	≤0.09	0.034	Ⅰ类合格

8.3
亮点技术推荐——自然通风及开关窗的节能行为

8.3.1　自然通风设计思路

为了实现自然通风对建筑的节能贡献率达到5%，该项目采用3种措施：一是住宅多采用南北向；二是考虑前后开窗位置，形成穿堂风；三是开启扇面积达到房间地面面积10%以上。在此原则下，具体做法如下：

围护结构设计考虑了采光、自然通风、隔热、外遮阳以及隔声5个方面的功能：住宅多为南北向，满足大寒日3h的日照要求。主要在南北向开窗，控制东西向开窗比例；客厅、卧室等功能房间窗地比均大于14.3%。卫生间均设有外窗；所有功能房间的外窗可开启面积占所在房间地面面积的比值在10.01%～28.02%，均大于10%；风环境模拟分析报告显示各户型的风速均小于180m/s；室内的通风性能优异。

同时，项目采用了多形式可调节外遮阳，包括：平开可调百叶遮阳、平开折叠可调百叶遮阳、阳台门滑动折叠可调百叶遮阳、上旋可调百叶遮阳窗、固定可调百叶遮阳等，见图8.22。项目全部采用铝合金可调百叶外遮阳，遮阳百叶角度根据需求进行调整，让房间的节能、采光、通风、私密性方面达到良好的效果。

通过以上设计，在住宅投入使用之后，由于建筑具有良好的通风、外遮阳、隔热条件，住户可以采用自然通风来满足室内的热舒适要求，从而实现节能、舒适等多方面需求。

图8.22　高层住宅可调百叶外遮阳

8.3.2　开关窗行为节能的测评分析

该项目围护结构设计具有良好的自然通风条件，通过开关窗而实现的自然通风可满足建筑室内的热舒适要求，因此通过调查住户开窗行为，可测评自然通风对室内热舒适度的调节情况。

通过对其中6栋高层建筑7户典型住户的开窗行为进行测试，发现对室内外环境参数的影响因素在时间上以早上（5:00~9:00）、中午（10:00~16:00）、晚上（18:00~00:00）3个时间段来分析，在房间类型上以卧室和客厅来分析。在室内有人的情况下，客厅和卧室在早上、中午、晚上3个时间段开窗时间比例和关窗时间比例如表8.4所示。

开窗时间比   表8.4

	卧室关窗时间比	卧室开窗时间比	客厅关窗时间比	客厅开窗时间比
早上	0.4	0.6	0.25	0.75
中午	0.22	0.78	0.15	0.85
晚上	0.36	0.64	0.16	0.84

可以看出：卧室有人在的情况下，早晚的开窗时间差别不大，60%多的时间是开着窗的，窗户在中午78%的时间是开着的，比早晚都高；客厅有人在的情况下，早上开着窗户的时间比为75%，中午和晚上开着的时间比分别为85%和84%。卧室和客厅在早上的开窗时间比均最低，在中午的开窗时间比均是最高的。卧室的开窗时间比在早中晚均比客厅的要低，说明这7户家庭在过渡季节更喜欢开着客厅的窗户，而卧室的窗户开着的时间比客厅要少。因此，在夏季可以通过开窗自然通风或者使用电扇满足室内热舒适要求的情况下，住户会尽力减少使用空调。

8.4 用户调研反馈

调研组于2014年11月24日~2014年12月7日对深圳万科城四期住户进行入户调研，每户发放一份调研问卷，本次调研共发放93份问卷，回收93份均为有效问卷。

8.4.1 问卷调研结果统计

（1）基本信息统计

万科城四期的高层建筑内82%住户常住人口在4人及以上。被调查住户的楼层分布、

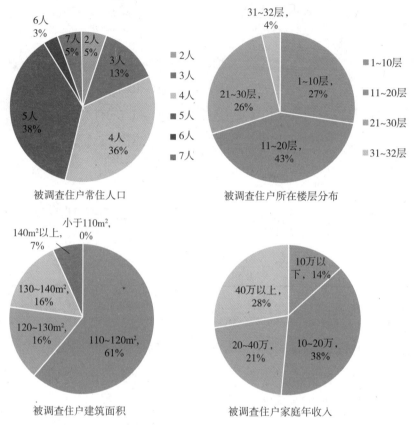

图8.23　被调查住户基本信息统计图

户型分布以及收入分布都比较均匀，如图8.23所示。

（2）室内热环境调节习惯及满意度

大部分住户在夏季使用分体空调供冷，且大部分住户从6月～10月使用空调，如图8.24所示。大部分住户在冬季不采暖。在35%的采暖调研用户中，大部分住户采暖时间是从12月～1月，如图8.25所示。

虽然调研用户在供冷开始和结束时间差别很大，但86%用户"从来不觉得热，一直很凉爽"，如图8.26所示。相应的99%调研用户对供冷效果为"满意"或"非常满意"，如图8.27所示。由于该项目处于夏热冬暖地区，基本不存在冬季热环境是否满意的问题。

（3）用水习惯

大部分住户使用燃气热水，见图8.28且大部分住户会利用家用废水冲厕和拖地，如图8.29所示。

（4）家电使用、炊事及洗澡习惯

90%以上的住户都有常用家电，并且常用。97%家庭每天在家做饭，且67%使用燃气

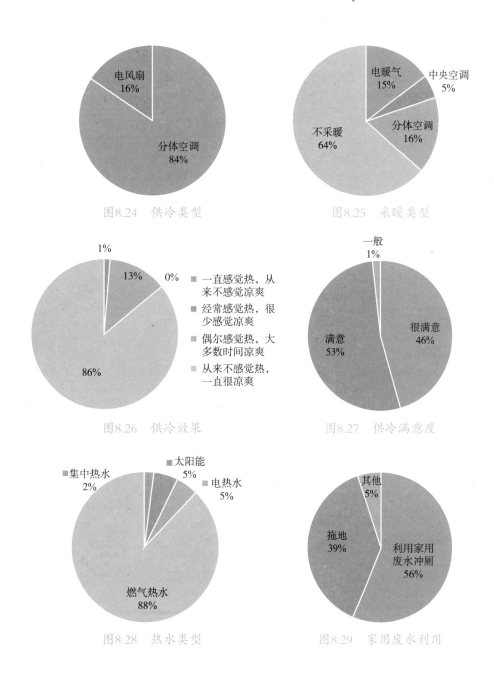

图8.24 供冷类型

图8.25 采暖类型

一直感觉热，从来不感觉凉爽

经常感觉热，很少感觉凉爽

偶尔感觉热，大多数时间凉爽

从来不感觉热，一直很凉爽

图8.26 供冷效果

图8.27 供冷满意度

图8.28 热水类型

图8.29 家用废水利用

做饭；97%家庭通过淋浴洗澡，如图8.30～图8.33。

（5）室内声环境与光满意度及遮阳使用习惯

大部分调研用户认为室内背景噪声合适，如图8.34所示。大部分调研用户会使用遮阳调节光环境，如图8.35所示。

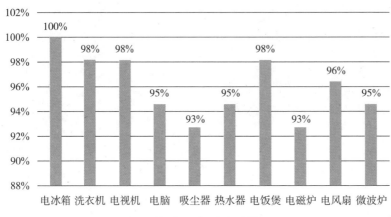

图8.30　家用电器使用情况

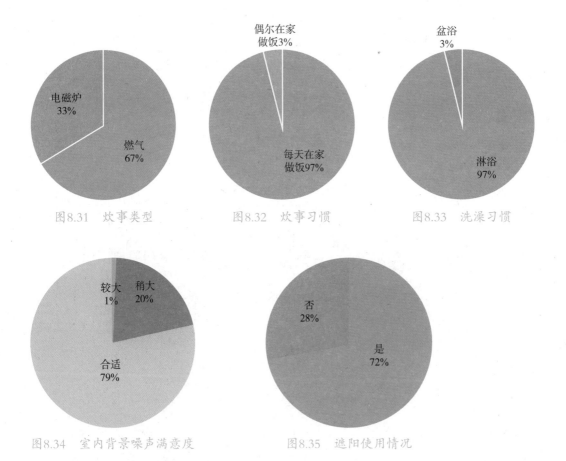

图8.31　炊事类型　　　　　图8.32　炊事习惯　　　　　图8.33　洗澡习惯

图8.34　室内背景噪声满意度　　　　　图8.35　遮阳使用情况

8.4.2　调查问卷与实测结果对比分析

　　将室内使用者主观感受与现场测试的主要结果进行对比，由表8.5可得，调查问卷与现场测试结果基本吻合，该项目实际运行情况良好。

室内使用者主观感受与现场测试主要对比表　　　　　表8.5

类别	室内使用者主观感受	现场测试结果
温度	温度适中，维持现状	平均温度23.4℃，温度适中
湿度	室内干燥，希望加湿	平均室内相对湿度61.5%，室内湿度适宜
光环境	光照适中，保持不变	各处照明基本合理，充足
风环境	开着窗户主观感觉有吹风感，希望保持现状	平均风速0.3m/s，适宜
室内空气品质	住户比较关注	室内CO_2平均浓度534PPM，适宜

9 青岛瑞源·名嘉汇住宅

9.1 项目简介

9.1.1 工程概况

青岛瑞源·名嘉汇住宅（以下简称"名嘉汇"）项目位于青岛市开发区太行山路以东，珠江路以南。项目用地面积为5.22973m²，包含7栋高层住宅、商业网点及2层地下车库，总建筑面积27.4万m²，其中住宅16.4万m²，地下车库9.6万m²，商业网点1.4万m²。项目于2009年4月开始进行规划设计，2010年4月开工建设，2013年12月31日竣工并交付使用。名嘉汇项目通过充分利用环境空间，打造现代低碳的人居空间，演绎现代的绿色生活方式，在节地、节能、节水、节材、室内环境、运营管理等方面为百姓提供温馨舒适的理想居所，营造环保时尚的生活模式，如图9.1所示。

本项目的1～3号楼、5～8号楼于2010年7月获得三星级绿色建筑（设计）评价标识，2011年获得"青岛市标准化示范工地"，2012年被评为"青岛市优质结构工程"，2014年被评为山东省建筑工程质量"泰山杯"奖，并获得2013～2014年度广厦奖。

图9.1 项目区位图和实景图

9.1.2 创新点设计理念

项目在规划、设计、施工、运行整个过程中，遵循"四节一环保"的理念，根据项目的特点，综合考虑投入与产出，采用了照明自控系统、自然采光通风优化设计、非传统水源利用、土建与装修一体化设计施工、改善室内空气质量的功能材料、智能管理系统等多种绿色建筑技术，并将其有效结合在一起，见图9.2。

（1）照明自控系统。地下车库照明光源选用可调光LED照明灯具，结合红外感应的控制方式，达到降低照明能耗的目的。同时设置了32套光导管系统，作为地下车库的辅

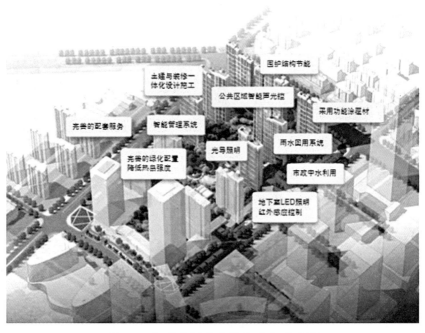

图9.2 本项目创新点设计理念示意图

助照明，进一步减少人工照明能耗。大堂、电梯厅及走廊等公共区域采用智能声光控节能自熄开关，并采取应急自动点亮措施。

（2）自然通风与自然采光优化。本项目朝向接近南北向，布局合理。各户型的卧室、起居室（厅）、书房和厨房均设置外窗，设计过程中为了尽可能保证所有居住空间均具有良好的日照、采光和通风的效果，对窗地比和通风开口面积进行了合理的优化设计，各户型窗地面积比均不低于1/7，通风开口面积均不小于5％。

（3）非传统水源利用。在项目的南侧及北侧设置了两套雨水处理回用系统，用于满足小区绿化灌溉用水、景观水补水的需求。由于雨水的不稳定性，采用市政中水作为系统的补充水源。据统计，项目2013年11月～2014年11月非传统水源利用率达到了20.7％。由于雨水水源是免费的，仅有少量雨水处理成本，而中水价格也仅是自来水价格的一半左右，因此雨水回用系统不仅节约了水源，也降低了运行成本。

（4）土建与装修一体化设计施工。项目全部精装修交房，建筑设计与装修设计同步进行。客厅及餐厅地面采用地砖或石材，卧室和书房地面选用实木复合地板，吊顶为石膏板吊顶，墙面为环保乳胶漆或壁纸。同时本项目采用了整体化定型厨卫：厨房配备油烟机、打火灶、整体橱柜等设施；卫生间内沐浴、便溺、盥洗设施配套齐全。通过土建与装修设计的统一协调，在土建设计时即考虑到装修的设计需求，实现了进行孔洞预留和装饰面层

图9.3 智能化管理控制中心及单元门手掌静脉生物识别系统

固定件的预埋，减少了装修时对已有建筑构件的打凿、穿孔。

（5）选用功能性涂覆材料。本项目除部分户型室内墙面采用壁纸外，其余所有户型在室内墙面、顶面、阳台墙面及顶面等部位全部采用某品牌"抗甲醛净味全效"的功能性涂覆材料，符合《室内空气净化功能涂覆材料性能》中I类标准要求。功能性涂覆材料能够有效净化室内装修过程中产生的甲醛，改善室内空气品质。

（6）智能管理系统。项目设有完善的智能化系统，包括监控系统、可视对讲系统、生物识别系统、背景音乐系统、物业管理系统、智能停车场系统等。其中生物识别系统可实现在小区单元门、电梯、入户等位置的手掌静脉生物识别控制及身份识别，见图9.3。

9.2 运行评价重点结果

本项目于2015年4月获得住宅建筑类三星级绿色建筑运行评价标识，本书从中挑选适宜推广的绿色实践经验和做法介绍如下。

9.2.1 节地与室外环境

项目周边有着发达的公共交通网络。距本项目主要出入口600m左右有一处长途汽车站，也就是黄岛汽车总站。项目周边500m范围内共6个公交站点，途经17路公交，为业主提供了非常好的绿色出行条件。合理开发利用地下空间，地下建筑面积与地面建筑面积之比为55.14%。地下空间的主要功能为停车场、储藏室、设备用房等。室外还设有儿童活动场地、健身场地、下沉广场、戏水池、金鱼池、凉亭等活动场地。

图9.4 乔灌木复层绿化及室外遮阴措施

为降低住区热岛强度，创造优美舒适的住区环境，名嘉汇项目小区绿化率为33.6%，人均公共绿地为4.59m²，绿化系统采用集中与分散相结合的方法布置，同时采用乔木、灌木与地被植物相结合的复层绿化方式，并在其中点缀布置人行小径。硬质铺装场地尽可能设置树木或景观亭、廊架等遮阴措施，见图9.4。

9.2.2 节能与能源利用

（1）围护结构。青岛属于寒冷地区，围护结构的保温隔热性能对节能和舒适性均具有重要的作用。本项目在围护结构节能方面采用了非常全面的保温隔热措施：屋面采用70厚挤塑板保温层；外墙采用45厚硬质聚氨酯泡沫塑料保温层；外门窗框与窗洞口之间的缝隙，采用聚氨酯高效保温材料填实，并用密封膏嵌缝；外窗选用6+12A+6mm、辐射率低于0.15的LOW-E断桥隔热铝合金中空玻璃平开内倒窗，见图9.5；此外外墙挑出构件及附墙部件、阳台楼板、栏板、变形缝、女儿墙及供暖房间与非供暖房间隔墙均采取保温措施。根据耗热量指标计算，1~8号楼的耗热量指标均低于参考建筑的65%，平均节能率的理论值为38.9%。

（2）供暖系统。本项目采暖系统采用地板辐射供暖系统，不仅可以创造更加舒适稳定的室内环境，还具有高效节能的特点，比空调节能30%左右，比散热器节能20%以上。每组加热管均设置远传型电动式恒温控制阀，通过房间内的温控器控制相应回路的调节阀，运行时用户能够根据需要对室温进行调控，见图9.6。

（3）照明系统。地下车库照明光源选用可调光LED照明灯具，结合红外感应的控制方式，达到降低照明能耗的目的。同时设置了32套光导管系统，作为地下车库的辅助照明，进一步减少人工照明能耗，见图9.7。大堂、电梯厅及走廊等公共区域采用智能声光控节能自熄开关，并采取应急自动点亮措施，见图9.8。

（4）住户耗能量。住宅类建筑的总体能耗与入住率有关，且不同朝向、不同使用者的差异较大，本书测试组对50户典型住户进行了能源消费量统计，各户每月平均消费水

图9.5　LOW-E断桥隔热铝合金中空玻璃窗

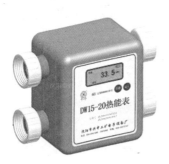

图9.6　室内温度调控装置

图9.7　地上光导管的设置情况及实际采光效果

图9.8　地下室可调光LED灯具及智能声光控控制开关

平见图9.9。根据对住户水、电、燃气用量的调研，被调研者每月电费在20~220元之间，燃气费在10~150元之间，所有被调研者每月电费平均为123元，燃气费平均为50元，所

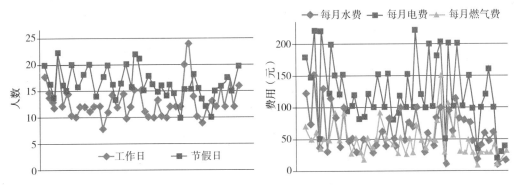

图9.9　住户构成（左）与月均能源消费量统计（右）

有被调研者的炊事类型均为燃气，且水、电及燃气三者的费用对于不同调研者来说变化较为一致，与其家庭的常住人口有关。

9.2.3　节水与水资源利用

（1）水系统规划。名嘉汇住宅小区的给水系统，6层以下由市政管网直接供水，6层以上采用变频水泵加压供水，充分利用市政水压，降低水泵能耗。供水系统采用具有节能、节水、高智能化运行、供水安全等优点的无负压供水设备。该设备可充分利用自来水管网原有压力，可节电50%以上；且没有水池渗、冒、滴、漏和跑水等现象，可节水20%以上；同时具有智能化运行、供水安全等优点。

（2）减少漏损率。通过多种手段有效地控制管网的漏损（包括分级设置计量水表、选用质量较好的管道及阀门等），减小在输配过程中的水资源消耗，根据全年用水量统计，年漏损率为2.87%，满足住宅区管网漏失率应不高于8%的要求，见图9.10。

（3）节水设施。本项目还采取了多种节水措施，如所有洁具均为节水器具和设备，单次冲水量均不高于6L，便器水箱配备两档选择，见图9.11和图9.12。由于本项目绿化面积较大，从灌溉节水方面采用了微喷灌的节水灌溉形式，不仅有利于节约用水，比传统灌溉方式节水30%以上，同时提高了灌溉效率，节省人力，见图9.13。

（4）分项计量。用水计量方面，除住户分户用水计量外，公共区域用水实现分项计量，包括地上网点用水、绿化用水、物业办公用水等分项。

（5）非传统水源利用。在项目的南侧及北侧设置了两套雨水处理回用系统，用于满足小区绿化灌溉用水、景观水补水的需求，由于雨水的不稳定性，采用市政中水作为系统的补充水源。项目2013年10月～2014年9月，非传统水源用水量为8100m³，而本项目期间总用水量为39160m³，非传统水源利用率达到了20.68%。由于雨水水源是免费的，仅有

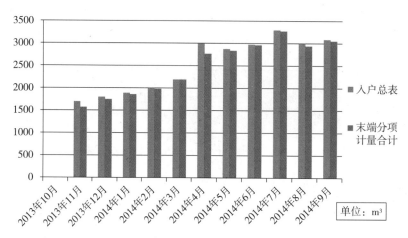

图9.10　入户总表和末端分项计量合计对比分析图

图9.11　无负压供水设备

图9.12　节水器具

图9.13　微喷灌

少量雨水处理成本，而中水价格也仅是自来水价格的一半左右，因此雨水回用系统不仅节约了水源，也降低了运行成本。

（6）建筑用水量。对比分析各分项逐月用水量，如图9.14所示，可以看出：本项目用水主要包含各栋住宅单体的用水以及物业办公用水、绿化补水、底商网点用水等分项，2013年10月～2014年9月实际总用水量为30170m³。用水量最高的月份为6月，用水量3282m³，且总体来看夏季的用水量较冬季用水量明显偏高，分析其主要原因为夏季绿化灌溉用水以及住宅淋浴用水比冬季用水量偏高。但从2013年10月～2014年3月，虽然都处在冬季，但用水量呈逐月升高的趋势，主要是因为交房后部分业主未及时入住，且随着时间的推迟，入住率逐渐升高导致。

9.2.4　节材与材料资源利用

本项目建筑造型要素简约，无大量装饰性构件，现浇混凝土全部采用预拌混凝土，部分采用高性能混凝土、高性能钢筋，建筑设计选材时使用可再循环使用性能的材料。在保

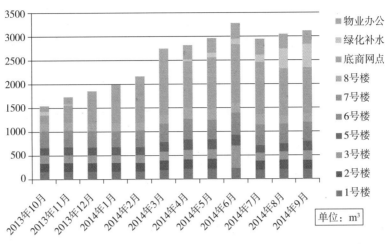

图9.14　各分项用水量对比分析图

证安全和不污染环境的情况下，可再循环材料使用重量占所用建筑材料总重量的比例为10.08%。此外，结构体系优化和土建装修一体化对该项目材料消耗量的减少起到了很好的作用。

（1）结构体系优化。本工程采取了大量的结构优化措施，在降低结构造价的同时，达到了绿色环保、降低资源消耗的目的。如比较多种人防顶板及地下室负一层顶板的楼盖形式，选择了造价低、经济性好、低碳环保的网梁楼盖形式。网梁楼盖自重轻、承载力高，在节约钢筋及混凝土用量的同时，降低了层高，节约了空间，见表9.1和图9.15。

负一层网梁楼盖与普通梁板造价比较　　　　　　　　　表9.1

序号	项目	单位	网梁	普通梁板	备注
1	单方钢筋	t/m²	0.054	0.075	
2	单方混凝土含量	kg/m²	0.35	0.43	
3	土方增加	元/m²	0	9.135	开挖深度增加0.35m，10km运距
4	单方造价	元/m²	546.725	750.722	
5	建筑面积	m²	27454	27454	仅计算网梁楼盖区域
6	总造价	万元	1501	2061	综合造价省约27%

（2）土建与装修一体化。住宅全部精装修交房，见图9.16。客厅及餐厅地面采用地砖或石材，卧室和书房地面选用实木复合地板，吊顶为石膏板吊顶，墙面为环保乳胶漆或壁纸。同时本项目采用了整体化定型厨卫：厨房配备油烟机、打火灶、整体橱柜等设施；卫

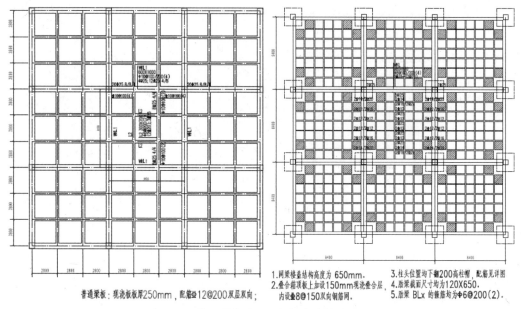

普通梁板：现浇板板厚250mm，配筋Φ12@200层层双向；

1. 网梁楼盖结构高度为650mm。
2. 叠合箱顶板上加设150mm现浇叠合层，
   内设Φ8@150双向钢筋网。
3. 柱头位置均下砌200高柱帽，配筋见详图。
4. 肋梁截面尺寸均为120X650。
5. 肋梁 BLx 的箍筋均为Φ6@200(2)。

图9.15　普通梁板与网梁楼盖结构做法图

图9.16　室内精装修效果图

生间内沐浴、便溺、盥洗设施配套齐全。通过土建与装修的统一协调，在土建设计时即考虑到装修的设计需求，实现进行孔洞预留和装饰面层固定件的预埋，减少装修时对已有建筑构件打凿、穿孔。

9.2.5　室内环境质量

（1）室内热湿环境。住宅的供暖系统按建筑划分的住宅单元分设供暖共用立管，进行分户热计量设计，住宅户内采用地板辐射供暖系统，采用连续供热的供暖方式；每组加热管均设置远传型电动式恒温控制阀，通过房间内的温控器控制相应回路的调节阀，控制室内温度恒定。

测试当天室外平均温度为24℃，温度适宜。分别对两个住户室内客厅和卧室的温度进行测试，在未开空调保持自然通风的情况下，测试结果如表9.2所示。

室内温湿度测试结果 表9.2

测试位置		10:00		16:00		20:00	
		温度	湿度	温度	湿度	温度	湿度
典型住户1	客厅	25℃	72%	25.5℃	74%	23.5℃	80%
	卧室	24℃	72%	24℃	73%	22.5℃	74%
典型住户2	客厅	24℃	71%	25℃	74%	22℃	78%
	卧室	24℃	70%	24℃	73%	23℃	77%

根据室内温、湿度测试数据可知，在室外温度适宜的条件下，室内不需要开空调即可保持比较舒适的温度，主要功能空间自然通风效果良好，但由于室外空气湿度高达75%，使室内湿度较高，但由于室内温度较为舒适，对湿度的感觉并不是特别敏感，可以保证一定的舒适度。

（2）室内声环境。控制室内背景噪声措施主要包括围护结构的隔声、设备管道、机房的隔声等。围护结构满足国家标准《民用建筑隔声设计规范》中的一级要求，其中：分户墙两侧各有20mm的保温层及装饰层，既保温又隔声；楼地面上铺设地暖管、40mm的保护层、地砖或地板，增加了楼板的隔声。排水管道选PVC管道，可有效降低排水噪声。电梯、水泵机房等设备机房在平面布局上尽可能与居住空间分开，实现动静分离，并设置了相应的减振、消声和隔声措施。

选取最为不利的房间作为检测对象，对房间室内噪声24h的监测数据进行分析筛选，分别选取昼间（11:30~11:40）和夜间（17:50~18:00）两个较不利的时间段来计算室内噪声等效声级。由于被测房间临近街道，交通噪声为主要噪声源，因此各房间的室内噪声级为随时间变化的持续的非稳态噪声。以测量时间为X轴，以瞬时A声级数值为Y轴绘制测量期间瞬时A声级值如图9.17～图9.19所示。

经现场测量，本小区房间室内背景噪声条件良好，被测最不利房间的昼间、夜间等效声级均满足《民用建筑隔声设计规范》GB50118-2010中的允许噪声级的要求，如图9.20所示。

（3）室内光环境。经日照模拟计算核实，每套住宅均满足日照标准的要求，各卧室、起居室、书房、厨房均设置外窗，房间的采光系数和窗地面积比均符合标准要求。以1号楼为例，各户型满足日照时数的居住空间数量统计如表9.3所示。居住空间开窗具有良好的视野，且避免户间居住空间的视线干扰。

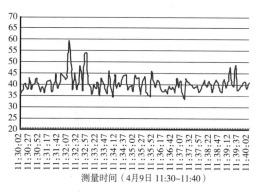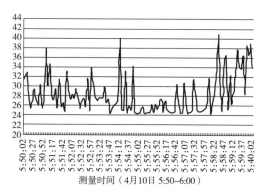

图9.17　最不利住户书房瞬时A声级值

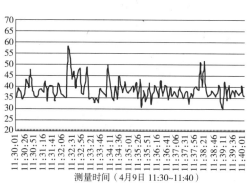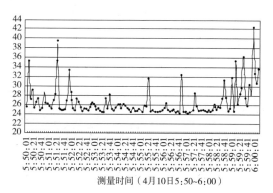

图9.18　最不利住户主卧瞬时A声级值

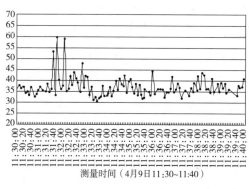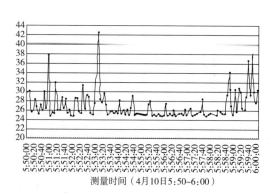

图9.19　最不利住户餐厅瞬时A声级值

（4）室内污染物浓度。

本书测试组将布置在不同房间各个测点的氡、甲醛、氨、苯、TVOC浓度进行统计，室内氡、甲醛、氨、TVOC浓度的检测结果如图9.21所示，苯检测结果均小于$5.0×10^{-3}mg/m^3$。

根据现行国家标准《民用建筑室内环境污染控制规范》GB50325的规定，Ⅰ类民

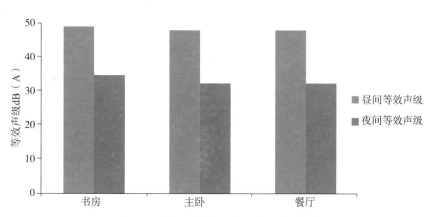

图9.20 最不利房间的现场测试结果

1号楼各户型满足日照时数的居住空间数量统计表 表9.3

楼号	户型	居住空间	综合日照时数	居住空间数量	满足日照时数的居住空间数量
1号楼	1-1（西）	主卧室	5：57	3	3
		卧室	5：39		
		客厅	5：39		
	1-2-1（西）	客厅	5：13	2	2
		主卧室	5：13		
	1-2-2（西）	客厅	4：57	2	2
		主卧室	4：57		
	1-3（西）	客厅	3：22	3	3
		卧室	3：22		
		主卧室	4：12		
	1-3（东）	主卧室	3：54	3	3
		卧室	3：35		
		客厅	3：35		
	1-2-1（东）	客厅	3：10	2	2
		主卧室	3：10		
	1-2-2（东）	客厅	2：58	2	2
		主卧室	2：58		
	1-1（东）	客厅	1：34	3	1
		卧室	1：34		
		主卧室	2：37		

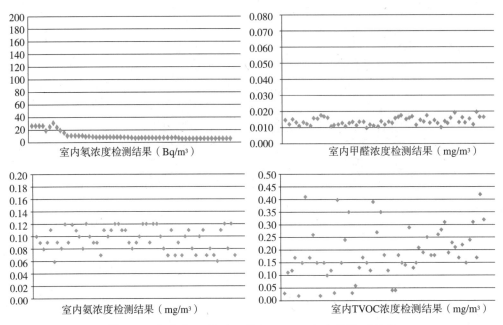

图9.21　室内氡、甲醛、氨、TVOC浓度的检测结果

用建筑工程室内环境污染物浓度限值为：氡≤200Bq/m³，游离甲醛≤0.08mg/m³，氨≤0.2mg/m³，苯≤0.09mg/m³，TVOC≤0.5mg/m³，根据以上对各房间室内污染物浓度的检测结果表明，室内具有良好的室内空气质量，氨、甲醛、苯、TVOC、氡浓度均符合标准中的限值要求。

（5）无障碍设施。本项目单元山入口设轮椅坡道和扶手，每套住宅均可通过电梯到达住户入口，且每单元设一部可以容纳担架的电梯，见图9.22。户内同层楼地面高差小于20mm。公共绿地的入口、道路地面材料选择防滑材料。

图9.22　无障碍担架电梯及无障碍坡道

9.3

亮点技术推荐——非传统水源利用

9.3.1 设计思路详述

本项目绿化面积达到17572m²，车库面积达到96000m²，经计算，本项目年平均杂用水可达到17214.54m³，为避免在运行过程中杂用水采用城市自来水，本项目设置南、北两套雨水处理回用系统，采用市政中水补水，在运行过程中节约了大量水资源，降低了用水成本，见表9.4。

本项目年平均杂用水量计算表　　　　　　　表9.4

用水种类	用水定额		数量		年用水天数	年用水量(m³/a)
景观水补水量	730	mm	1150	m²	—	923.45
绿化浇洒用水量	0.5	m³/(m²·a)	17572	m²	—	8786.00
道路冲洗用水量	0.5	L/(m²·次)	12009	m²	30	180.14
车库冲洗用水量	2	L/(m²·次)	96000	m²	30	5760.00
未预见水量	10%	—	—	—	—	1564.96
汇总	—	—	—	—	—	17214.54

雨水回用系统的雨水储水池采用PP模块组合水池，南、北两套系统的水池容积均为252m³，采用一体化埋地处理间，并采用全自动自清洗过滤器过滤和紫外线消毒器在线杀菌，将处理收集后的雨水送入用水点，以确保雨水水质，并采用完善的防误接误饮安全保障措施，见图9.23～图9.25。

9.3.2 实际运行效果分析

经过物业对2013年10月～2014年9月用水量的逐月统计，详见图9.26，从数据可以看出，全年12个月非传统水源利用量为8100m³，主要用于室外绿化浇洒、道路冲洗、景观

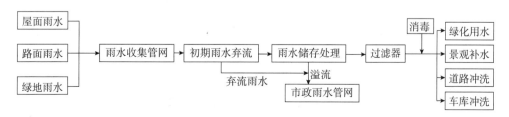

图9.23 雨水回用系统工艺流程图

图9.24 雨水回用系统消毒设备

图9.25 各用水点非饮用水标识

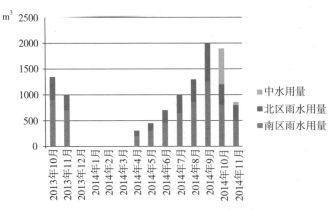

图9.26 实际非传统水源用水量分析图

水体补水、地下车库冲洗，与理论计算值相比，非传统水源实际用水量偏小，主要原因是项目交房初期，实际入住率偏低，导致实际杂用水量较小，且地下车库的卫生采用清扫的方式，很少采用冲洗的方式。

由于室外道路施工原因，中水供水管道于2014年10月接入本项目，故从2014年10月之前本项目未采用中水。

非传统水源的良好水质是用水安全的保证，也是可以使用的前提，本项目定期对雨水回用系统的出水水质进行检测，保证各项指标均满足《城市污水再生利用城市杂用水水质》GB/T 18920—2002的要求，具体检测结果如表9.5所示。

雨水回用水水质检测结果 表9.5

序号	检测项目	单位	水质标准	检测结果
1	生化需氧量（BOD_5）	mg/L	≤20	2.88
2	溶解氧	mg/L	≥1.0	6.00
3	氨氮	mg/L	≤20	0.04
4	pH		6.0～9.0	6.70
5	色度	度	≤30	15
6	嗅		无不快感	无不快感
7	浊度	NTU	≤10	8.70
8	阴离子表面活性剂	mg/L	≤1.0	＜0.050
9	溶解性总固体	mg/L	≤1000	298
10	铁	mg/L	/	0.255
11	锰	mg/L	/	＜$5.0×10^{-4}$
12	总大肠菌群	个/L	≤3	1

9.4 用户调研反馈

通过向建筑内部使用者发放调研问卷的方式，对用户使用感受情况进行调研。此次发放调研问卷60份，回收有效问卷50份。

9.4.1 问卷调研结果统计

（1）基本信息统计

根据调研结果，被调研者中男性居多、年龄分布30~40岁居多、整体教育程度较高、家庭收入较高，其中21%为管理行业，研发及销售行业均为7%，14%从事人事行业，3%为企业主及35%从事其他行业，另有10%离退休人员及3%家庭主妇；大部分为2~4口人家，见图9.27。

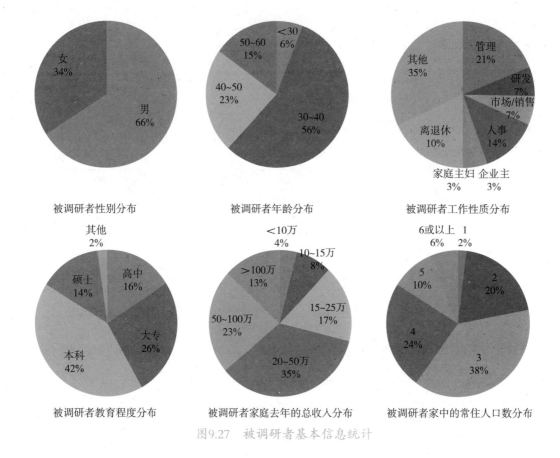

图9.27　被调研者基本信息统计

（2）对目前居住环境的满意程度

从图 9.28可以看出，除对小区垃圾分类措施和小区内的生活配套不满意度稍高外，大部分被调查者对目前居住环境感到较为满意，对温度、公园绿化和物业服务质量满意度最高，如以1~5来衡量满意程度，1为非常不满意，5为非常满意，那么被调查者对目前居住环境的平均满意度为4.6。

（3）对自然采光设计的评价

住宅内白天自然采光效果较好，大部分被调查者（62%）认为白天自然采光完全能够满足室内光照的需要，有38%被调查者认为有部分时间不能满足室内光照需要；对于日常开窗通风习惯，平均来看，盛夏时节每天开窗通风时间大致在4h以上，春秋时节大致在2~6h，冬季大致在2h以内，盛夏开窗时间长可能是由于居民时常整夜通风所致，而春秋时节由于气温不太高，晚上临睡前可能会关窗，如图9.28所示。

（4）对节水器具的评价

对于项目采用的节水器具措施，大部分被调查者了解，但仍有18%被调查者认为节水器

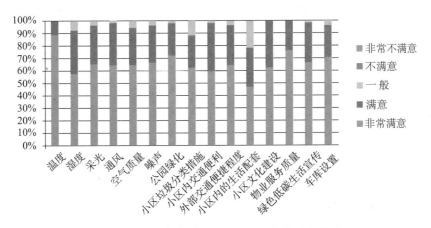

图9.28　被调查者对目前居住环境的满意程度

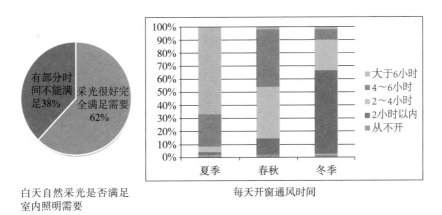

白天自然采光是否满足
室内照明需要

每天开窗通风时间

图9.29　被调查者开窗习惯和对建筑中白天自然采光效果的评价

具措施的效果不好。在日常生活中，对水资源进行循环利用的行为（如用淘米水浇花、利用废水冲厕等）不是特别普遍，25%的被调查者有循环水利用的行为，25%的被调查者偶尔有循环水利用行为，其余50%的被调查者很少或从未有循环水利用行为，如图9.29所示。

（5）对垃圾分类和遮阳措施的使用习惯

对于日常生活中处理垃圾是否能实现垃圾分类的调查，大部分被调查者很少或从未采用分类的垃圾处理方式。从调查可以看出，大部分被调查者在日常生活中会采用遮阳措施，如图9.31所示。

（6）对地板采暖、土建装修一体化、功能涂料的评价

对于住宅内精装修设计质量评价，大部分被调查者比较满意；对于本住宅所使用涂料效果的评价，大部分被调查者认为异味较低，仅4%认为有明显异味；对于住宅内地板供暖系统的评价，大部分被调查者认为比传统供暖方式更优；对于本住宅所应用的上述主要

绿色技术中，被调查者最满意的技术措施排序依次为：精装修设计＞地板采暖系统＞室内功能涂覆材料，见图9.32。

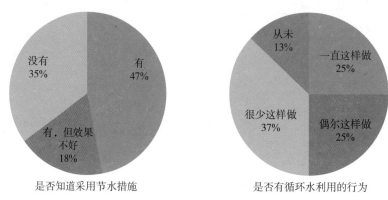

图9.30　被调查者用水习惯和对建筑中节水器具措施的评价

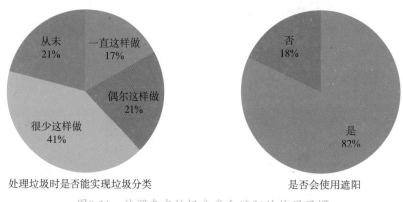

图9.31　被调查者垃圾分类和遮阳的使用习惯

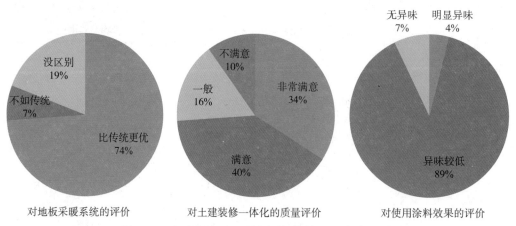

图9.32　被调查者对3项绿色技术措施的感受评价

9.4.2 问卷与实测结果对比分析

将室内使用者主观感受与现场测试的主要结果进行对比，见表9.6。

室内使用者主观感受与现场测试主要对比表　　　　表9.6

类别	室内使用者主观感受	现场测试结果
温度	88%非常满意	22℃~25℃，舒适
湿度	57%非常满意，35%满意	相对湿度为70%~80%，湿度略大
光环境	65%非常满意，31%满意	各处照明基本合理、充足
通风	64%非常满意，34%满意	自然通风效果良好
室内空气品质	64%非常满意，30%满意	室内具有良好的室内空气质量，氨、甲醛、苯、TVOC、氡浓度均符合标准中的限值要求

从表中可以看出，在室内热湿环境、光环境、通风、室内空气品质等各个方面，室内使用者主观感受与现场实测结果都较为吻合。

10

北京万科长阳半岛
长阳镇起步区

10.1
项目简介

10.1.1 工程概况

1号地03地块（1~7号楼）、04地块（1~7号楼）、10地块（1~9号楼）、11地块（1~7号楼），项目位于北京市房山区长阳镇起步区内，包含4个地块的30栋住宅建筑，总用地面积15.4万m²，起步区包括总建筑面积38.3万m²，项目区位和鸟瞰图如图10.1和图10.2所示。住区内住宅建筑主要是9层南北向板楼，最北侧和东西侧设置有18层、21层或28层塔式高层；有4栋工业化板楼为预制装配式混凝土剪力墙结构体系，其余住宅楼为现浇混凝土剪力墙结构。配套用房主要设置在沿街住宅首层和沿街。

项目于2010年5月开始施工，2013年全部交付使用，被评为北京市2014年环境优美居住小区。该项目04和11地块于2011年2月获得绿色建筑三星级设计评价标识，成为北京市第一个获得三星级设计标识的住宅项目；03和10地块于2011年12月获得绿色建筑三星级设计评价标识；这4个地块于2015年1月获得三星级绿色建筑运行评价标识。

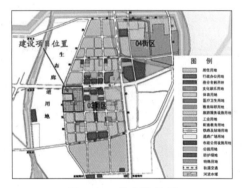

图10.1 项目区位图

图10.2 项目鸟瞰图

10.1.2 创新点设计理念

该项目注重因地制宜地选择事宜的绿色技术，如图10.3所示，并做好技术的集成与创新。

（1）良好的交通组织。项目周边交通线路较为发达，包括了长、短途公交路线和地铁站，对外交通便利；项目在主要朝向设置多个出入口，并设置门禁系统，一般机动车仅允许从其中一个出入口进出，且人车分行，机动车进入住区后仅允许在出入口附近的场地边缘区域地面停车或进入地下车库；项目场地内部道路规划人车分行，除出入口附近有地面机动车停车位的小部分区域外，整个住区内部均为穿插在绿化铺装中的人行道路，禁止私家机动车通行；住区内部道路合理设置，各处居民能较方便地到达各个出口、垃圾间、休闲场所等；住区内交通标识和设施设置齐全，位置合理。

（2）透水地面。项目设置大面积乔灌草复层绿化，大部分绿地为实土绿化，局部绿地为地下车库顶板上覆土绿化，覆土深度大于1.5m，并通过下凹式绿地和渗透管加强雨水渗透量，室外绿地面积总计7.3万㎡，占室外地面面积的57.5%。

（3）地板辐射采暖。本项目除卫生间使用钢制散热器外，室内均采用低温地板辐射采暖系统，各房间设温控器，各户入户采暖管上设热计量装置。埋管式地面辐射采暖具有温度梯度小、室内温度均匀、脚感温度高、耗热量小等特点。

（4）太阳能热水系统。项目在18层以下5层以上的住宅楼设置太阳能热水，使用户数为1870户，达到总户数的53.5%，系统形式采用集中设置太阳能集热板、分户设置储热水箱及辅助电加热的系统。

（5）全装修住宅。本项目所有住宅的室内装修一次到位，全装修作为住宅产业化的重要组成部分，能够有效减少装修垃圾，同时使得住房品质得到充分保证，一体化卫浴、整体厨房、收纳系统等，给业主以人性化家居的生活体验。

（6）预制装配式住宅。项目中的一部分住宅建筑创新地采用了预制装配式混凝土剪力墙结构体系，其余为现浇钢筋混凝土结构，部分构件预制。采用工业化技术建造的全装修住宅楼与传统工艺建造住宅的相比，资源消耗节约方面的优势十分显著。工业化住宅在品质方面也大为提升，传统工艺中常见而难以根治的渗漏、开裂、空鼓、房间尺寸偏差等质

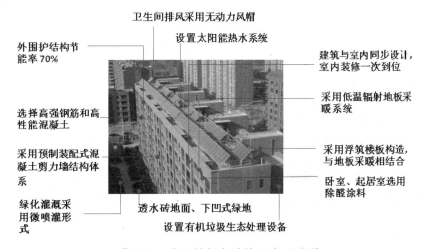

图10.3　项目创新点设计理念示意图

量通病，在工业化住宅中几乎降为零，建筑耐久性和居住舒适度更高。

（7）有机垃圾处理。本项目在03地块东北侧设置了园区共用的集中式有机垃圾处理间和处理设备，对包括其余几个地块在内的住宅园区厨余垃圾进行就地处理，实现厨余垃圾的区内无害化处理，有效地实现了垃圾减量。

10.2 运行评价重点结果

项目于2015年1月获得了公共建筑类三星级绿色建筑运行评价标识，本书从中挑选适宜推广的绿色实践经验和做法介绍如下。

10.2.1 节地与室外环境

项目选址符合规划要求，无污染源及危险源。项目设计了人车分流，主要出入口500m内有长阳地铁站及956路等公交线路。项目人均用地13.7㎡，并合理开发利用地下空间，地下建筑面积与建筑占地面积比为112%。

项目绿化物种选择了适宜当地气候和土壤条件的多种乡土植物，同时包含了乔、灌、草的复层绿化，如图10.4所示，绿地率达到30%，人均公共绿地面积2.4m²。项目硬质铺装地面采用渗水材质，露天自行车停车位采用镂空植草砖铺装；采用景观贮留水池、下凹绿地等增加雨水渗透量，见图10.5。另外还对区域风环境进行了模拟分析，对区域声环境进行了优化改善，室外环境舒适。

图10.4　项目场地中乔、灌、草的复层绿化（左）与渗水铺装（右）

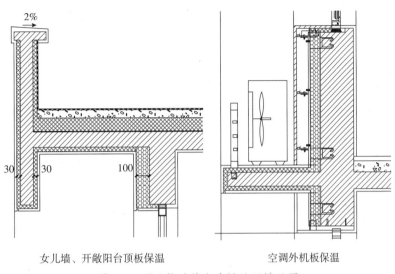

女儿墙、开敞阳台顶板保温　　　　　　　　空调外机板保温

图10.5　项目构造节点冷桥处理情况图

10.2.2　节能与能源利用

（1）围护结构。项目体型系数与窗墙面积比均满足《北京市居住建筑节能设计标准》DBJ 01-602-2004的要求。外围护结构选用高效保温隔热材料，外墙采用阻燃型聚苯板或成品预制挤塑夹芯保温板，屋面采用阻燃型挤塑板，外窗选用铝合金断桥中空玻璃保温窗或三玻两中空保温窗。项目构造节点设计尽量使保温层闭合，对出挑的阳台、雨篷和女儿墙等易产生冷桥处均做了保温处理，如图10.5所示。上述措施使得项目围护结构节能率的理论值可达到70%。

（2）采暖系统。项目换热站内设置采暖二次循环泵及换热器，采暖系统采用双管异程式系统，建筑物热力入口处设计量小室，设备管井内各用户入户供水管上设计量装置。项目除卫生间使用钢制散热器外，室内均采用低温地板辐射采暖系统，如图10.6所示，通过埋设于地板下的加热管，把地板加热到表面温度24~26℃，均匀地向室内辐射热量而达到采暖效果。埋管式地面辐射采暖具有温度梯度小、室内温度均匀、脚感温度高等特点，在同样舒适的情况下，辐射供暖房间的设计温度可以比对流供暖房间低2~3℃，因此房间的热负荷随之减小。与常规散热器采暖方式相比，地板辐射采暖方式可以节省至少9.2%的供热能耗。

（3）照明设施。户内精装修全部采用节能灯，电梯厅、楼梯间、走廊等公共场所采用高效光源、高效节能灯具，照明采用声光控延时开关；疏散指示照明采用LED光源；地下车库采用T8节能灯，并采用定时分路自动控制系统；直管式荧光灯均采用电子镇流器

图10.6　项目低温地板辐射采暖系统　　图10.7　公共区域的高效节能灯具

图10.8　项目太阳能热水系统

或节能电感镇流器；电梯间与室外连通，利用自然采光；部分住宅地下区域开设天井，直接利用自然采光，如图10.7所示。

（4）太阳能热水系统。项目在18层以下5层以上的住宅楼设置太阳能热水，使用户数为1870户，达到总户数的53.5%，系统形式采用集中设置太阳能集热板、分户设置储热水箱及辅助电加热的系统，如图10.8所示。

10.2.3　节水与水资源利用

（1）水规划系统。项目给水系统按竖向压力分为低、中、高区，低区由市政给水直接供给（配套商业及住宅低区），中、高区由水泵房内变频泵组供给；采用分质供水方案，设计冲厕、绿化灌溉、道路清洗等采用市政中水；给水管除在入户处设置总水表外，各户均设水表，餐厅厨房、公共卫生间等，均单独设置了水表计量。

（2）微喷带。室外采用移动式节水微喷灌设备即微喷带，如图10.9所示，这类设备具有一定灵活度，一是可以适合各种场地进行微喷灌，比如绿化面积不大、地块不连续的绿地和坡地，二是可以有效解决寒冷地区设备的冬季防冻问题，常规灌溉系统需在入冬前或冬灌后将系统管道内的水排空以防冻，常用的自动泄水和手动泄水方法需要有相应的管路设计，空压机泄水方法需要较高的实施技巧，而本设备可在冬季时排水收起储存，从而避

图10.9 移动式节水微喷灌系统和设备

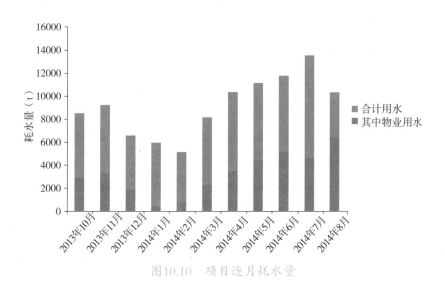

图10.10 项目逐月耗水量

免了设备冬季冻裂问题。

（3）建筑用水量。根据项目2013年10月～2014年8月在绿化用水、保洁用水、物业办公、宿舍食堂、居民用水等各用途用水量的分析，如图10.10所示，项目合计用水量100712t，其中物业用水（包括绿化、保洁、物业办公、宿舍食堂用水）35324t，占总用水量的35.1%，居民用水占总用水量的64.9%。

10.2.4 节材与材料资源利用

该项目无大量装饰性构件，并全部使用本地化建材，尽量选用高强建材，HRB400级钢筋占钢筋总重量的比例达到87%。项目回收包装模板、钢筋下脚料等施工废弃物用于废品收购等，废弃物回收利用率为47.6%。

（1）土建及装修一体化设计施工。所有住宅的室内装修一次到位，如图10.11所示，

图10.11　项目精装修实景

全装修作为住宅产业化的重要组成部分，使得住房品质得到充分保证，一体化卫浴、整体厨房、收纳系统等，给业主以人性化家居的生活体验。采用全面家居解决方案，每户约减少装修垃圾2t。

（2）预制装配式混凝土剪力墙结构体系。项目中的一部分住宅建筑（第11地块4～7号四栋楼）创新性的采用了预制装配式混凝土剪力墙结构体系，如图10.12所示，其余楼栋为现浇钢筋混凝土剪力墙结构体系，部分构件预制。工业化住宅在品质方面也大为提升，传统工艺中常见而难以根治的渗漏、开裂、空鼓、房间尺寸偏差等质量通病，在工业化住宅中几乎降为零，建筑耐久性和居住舒适度更高。

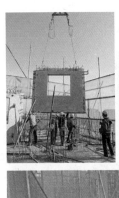

图10.12　项目预制装配式结构体系

上述4栋预制装配式住宅建筑的南北外墙、楼梯、阳台板、空调板均为工厂预制，生产完成后运至施工现场进行组装，预制构件用量比例约达到34%。采用工业化技术建造的全装修住宅楼与传统工艺建造住宅的相比，资源消耗节约方面的优势十分显著，经测算，废钢筋、废木料、废砖块的产生量可节省约50%，施工水耗可节省约20%。

10.2.5　室内环境

（1）室内热湿环境。居住空间通风开口面积与房间地面面积比均大于5%，确保室内自然通风效果。项目围护结构良好的保温隔热设计以及针对冷桥部位的分析和细部处理避免了结露现象的产生。项目冬季采用低温热水地板辐射采暖系统，各分路上设置远传型自力式温控阀，各房间设温控器，用户可以根据需要对室温进行调控；项目已预留空调安装位置和孔洞，夏季空调系统由住户自行安装。

该项目未能入户进行现场测试热湿环境。根据住户问卷调研情况来看，超过93%的被调查者对室内温度状况满意，仅有14%的被调查者对室内湿度状况不甚满意。

（2）室内光环境。项目在设计时即考虑了日照、采光和通风等多方面要求，住宅朝向主要为南北向，住宅居住空间大多数在南北向开窗，保证每套住宅均有1个及以上的居住空间满足大寒日2h的日照标准要求；住宅的客厅、卧室、厨房等功能房间的窗地比均大于1/7，符合国家《建筑采光设计标准》GB/T50033-2001的相关规定，自然采光效果良好，如图10.13所示。

（3）室内声环境。项目主要噪声源包括位于项目北侧的轻轨噪声、周边施工噪声和环境噪声。在隔声减噪方面，项目住宅楼板采用浮筑楼板与地板采暖相结合的做法，

图10.13　项目住宅室内自然采光情况

外窗采用隔声量≥30dB的中空断热铝合金窗等隔声措施，使得室内噪声水平满足标准要求。

委托获得CNAS和CMA认证认可资质的检测机构从项目不同地块选取了2户代表性住户，对其室内居住空间昼夜噪声情况进行了测量。昼间住户1主要受轻轨噪声和环境噪声影响，住户2主要受施工噪声和环境噪声影响，夜间这两个住户都主要受环境噪声影响。两户室内噪声测试结果见表10.1，可见这两户室内噪声都满足《绿色建筑评价标准》GB/T 50378-2006中"卧室、起居室的允许噪声级在关窗状态下白天不大于45dB（A），夜间不大于35dB（A）"的要求。

项目室内噪声测试结果 表10.1

点号	检测点位置	主要声源	测量结果dB(A)等效A声级	测量时段	噪声状态
1	住户1客厅	轻轨噪声及环境噪声	34	11:00~11:20	非稳态
2	住户1次卧		41	11:22 ~11:42	非稳态
3	住户1主卧		35	11:44 ~12:04	非稳态
4	住户2客厅	施工噪声及环境噪声	40	12:06 ~12:26	非稳态
5	住户2主卧		42	12:28 ~12:48	非稳态
6	住户1客厅	环境噪声	31	22:00~22:20	非稳态
7	住户1次卧		31	22:22~22:42	非稳态
8	住户1主卧		30	22:45~23:05	非稳态
9	住户2客厅		28	23:10~23:30	非稳态
10	住户2主卧		27	23:35~23:55	非稳态

（4）室内污染物浓度。委托获得CNAS和CMA认证认可资质的检测机构对项目住宅室内空气中甲醛、苯、氨、总挥发性有机物（TVOC）和氡五项室内气态污染物浓度进行检验，按照《民用建筑工程室内环境污染控制规范》GB 50325-2010等相关标准规范要求对项目不同楼栋典型房间进行抽检，结果显示该项目室内污染物浓度检测合格。下面列举其中一栋楼抽检的28个房间（包括不同单元、不同楼层的7个住户的客厅、主卧、次卧、书房等房间）的检测结果，检测环境条件为室内温度27.7℃、室外温

度27.0℃、大气压100.8kPa，住宅属于Ⅰ类民用建筑工程，可见检测结果全部合格，见图10.14～图10.18。

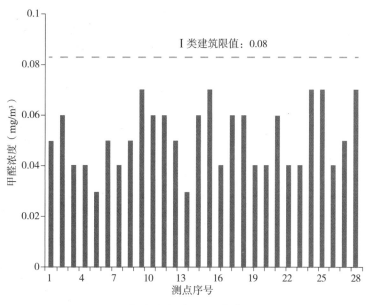

图10.14　室内空气中甲醛浓度检测结果

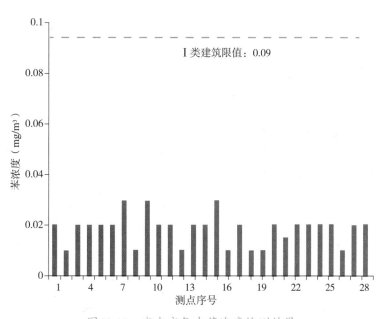

图10.15　室内空气中苯浓度检测结果

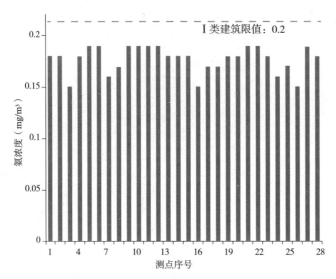

图10.16　室内空气中氨浓度检测结果

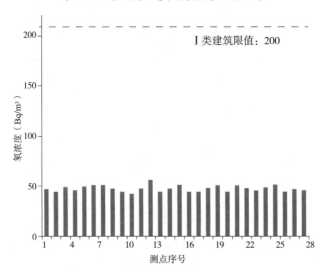

图10.17　室内空气中氡浓度检测结果

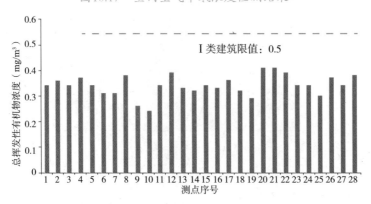

图10.18　项目室内空气中TVOC浓度检测结果

10.3
亮点技术推荐——交通组织设计

10.3.1 设计思路详述

项目地块东至经一南路,南至纬五路,西至军张路,北至京良路;与交通主干线和次主干线相接。

(1)公共交通和配套设施设计

图10.19是项目周边的公交、地铁站点的示意图。从图中我们可以看出,周边交通线路较为发达,这些线路既有通向市中心的长途公交路线,也有在住区周边、房山区内部运营中短途路线,居住区东北侧紧邻地铁站,对外交通便利。

项目周边教育、医疗卫生、文化体育、商业服务、社区服务等公共服务配套设施完善,便于居民活动。

(2)出入口、内部交通和停车系统设计

项目住区在主要朝向设置了多个出入口,并设置门禁鉴权系统,一般机动车仅允许从其中一个出入口进出且人车分行,机动车进入住区后可以立即进入地下车库或地上停车位,地上停车位一般仅布置在出入口附近、项目场地边缘区域。场地内部道路规划人车分行,除机动车出入口附近项目场地边缘的小部分区域外,整个住区内部均为穿插在绿化铺装中的人行道路,禁止私家机动车通行。住区内部道路合理设置,使各处居民能较方便地到达各个出口、垃圾间、休闲场所等。住区内指示类、警告类、提示类等交通标识和减速

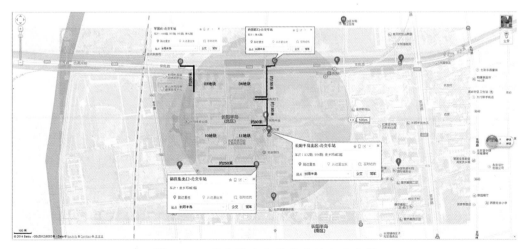

图10.19 项目周边公共交通站点示意图

带、分行桩、反光镜等交通设施设置齐全，位置合理。

项目停车位规划设计指标见表10.2。设计机动车停车位与户数比0.52，非机动车停车位与户数比1.98，满足相关设计要求。

项目停车位规划设计指标 表10.2

范围	居住户数	居住人口	机动车停车位	自行车停车位
整个项目4个地块	3507	9820	1808	6930
其中，04号地块	1231	3447	522	2462

10.3.2 测评分析

以项目04号地块为例，对地块交通组织设计情况进行了现场调研、测评和分析。04号地块位于项目东北角，周围有幼儿园、食堂、商业中心等，设有地面停车场和地下停车库等公共设施。

（1）公共交通和配套设施设计

经现场考察，项目周边公共交通线路较为发达，既有通向市中心的长途公交路线、地铁站，也有住区周边和房山区内部运营的中短途公交路线。

项目内部和周边的餐厅、幼儿园、商场超市、公园等公共服务设施完善，虽然银行、医院在1km以外，但有短途的公交系统通向对应地点。对于跨多个街区的居住区来说，往返（多为环形）的短途公交系统是解决居民短途出行需要的有力工具。如项目周边的房4线，如图10.20所示即沟通了居民区与地铁站、医院，能够解决地铁系统、医院的可及性问题。

通过问卷调查方式随机邀请住区96名居民对公交系统方便程度做出评价，结果如图10.21所示。从中可以看出，大多数居民对于住区周边交通系统给出了正面评价。

（2）出入口设计

04号地块住区有3个出入口，分别是南门、西门和东北门，如图10.22所示。①南门：人行和非机动车出入口，设有门禁，需刷卡进出，设置保安人员看守、登记；虽然设有门禁，但是防尾随效果一般，需保安人员控制；②东北门：人行出入口，设有全高十字转闸机门禁，防尾随效果非常好，无需保安；出口有比较便捷的道路与商业中心等相连；③西门：人车分行出入口，机动车出口与入口分开，行人和非机动车出入口合并，人车出入口分别有门禁，统一由保安人员管理；西门外直接连接一个较窄双向双车道的次主干道；西

图10.20 短途公交房4线线路图

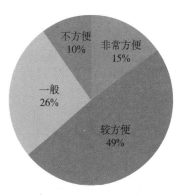

图10.21 住区附近公交系统方便程度反馈

南门

东北门

西门

图10.22 04号地块3个出入口实景图

门内与地下车库的出入口相连,机动车从西门进入后可以立即进入地下车库或门两侧的地上停车位,而住区内部全部人行道路都穿插在绿化中,不允许私家车通行。如图10.23所示,住区内部机动车只能在红色虚线圈划范围内行驶。

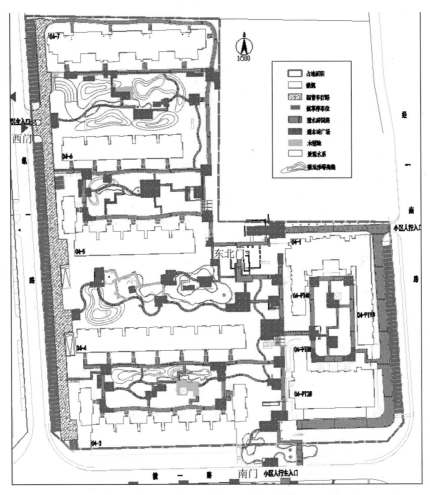

图10.23　04号地块出入口位置和铺装平面图

　　对于出入口方便程度的问卷调查结果显示，大多数人觉得出入口比较方便，不过不同对象感受方便程度存在差异，住户不方便率14.5%，访客不方便率19%，非机动车不方便率21.5%，机动车不方便率23%，总体来说住户比访客更方便一些；行人最方便，非机动车次之，机动车的方便程度稍差，所以开机动车的访客会感觉最不方便。

　　（3）内部交通

　　04号地块内部实行人车分行，这在上一部分已有介绍，住区的人车分流较为良好地实现了交通的平静化，机动车道的单一也使得机动车进入住区后的行驶直接有效率。住区内部的道路设置合理，从各个楼出来的居民能较方便地到达住区的各个出口、垃圾回收处、休闲场所等，住区内部合适的路面设计加上良好的道路景观和休闲功能，使得住区内适宜活动，调研中发现周中和周末在住区内进行遛狗、散步、歇息等休闲活动的住户都不在少数，住区住户之间的交往和住区的活力都得到了保证。在对住区人车分行效果和住区内部道路可及性的反馈，如图10.24所示，均仅有2%的住户反馈为"不满意"、"不方便"。

通过实地考察，住区内指示类、警告类、提示类等交通标识和减速带、分行桩、反光镜等交通设施都设置齐全，且设置位置合理。在问卷反馈中交通引导设施和慢行设施的满意度也都非常高，分别达到了92%和89%。

（4）停车系统设计

对04号地块停车位现状进行现场调查，见表10.3，发现现有车位数与设计数量有较大差距。

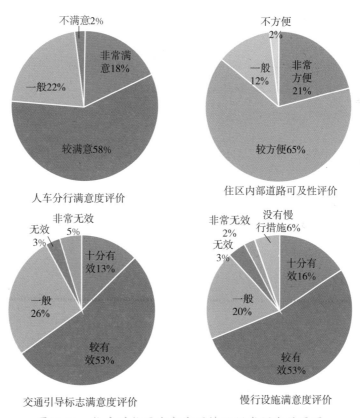

图10.24 住户对住区内部交通情况问卷调查结果图

项目04号地块停车位现状   表10.3

停车形式		车位数	停车数	使用率
机动车	地下车库	339	71	21%
	地上车位	50	45	90%
	住区外"车位"	——	——	>90%
非机动车	地上车位	140	120	86%
	地上"散停车位"	——	——	——

注：地上"散停车位"是指未停入指定停车区而自行停在楼门口等处的非机动车位。

机动车住区外"车位"并非住区设计车位，而是因为住区建成后周边道路市政还未及时介入管理，给部分业主和访客留下了可乘之机，通过调研发现，住区外道路两侧随意停车非常普遍。

10.4
用户调研反馈

通过向项目内部住户发放调研问卷的方式，对用户使用感受情况进行调查。此次发放调研问卷110份，回收有效问卷106份。

10.4.1 问卷调研结果统计

（1）基本信息统计

根据调研结果，被调研者中女性居多、年龄分布30～40岁居多、整体教育程度较高、家庭收入较高，大部分为2～4口人家，如图10.25所示。

（2）对居住环境的满意程度

从图10.26可以看出，除对噪声状况和车库设置不满意度稍高外，大部分被调查者对目前居住环境感到较为满意，对温度、公园绿化和物业服务质量满意度最高，如以1～5来衡量满意程度，1为非常不满意，5为非常满意，那么被调查者对目前居住环境的平均满意度为3.9。

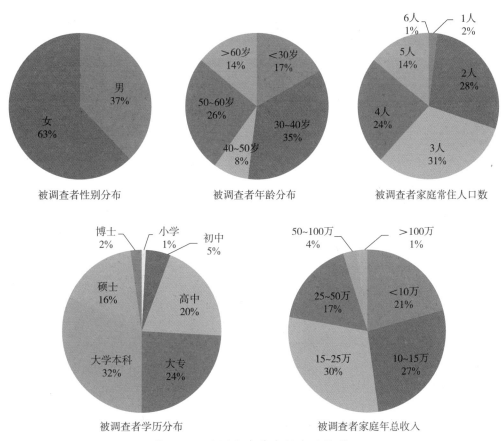

图10.25 被调查者基本信息统计图

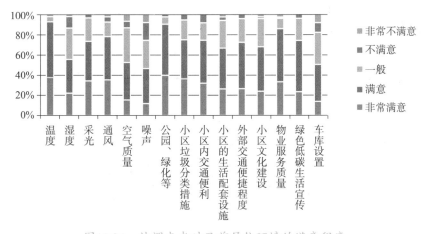

图10.26 被调查者对目前居住环境的满意程度

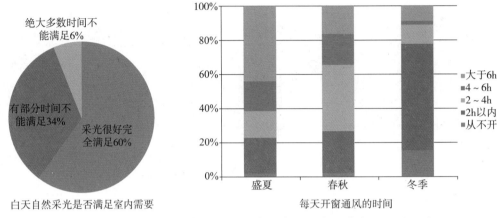

图10.27　被调查者开窗习惯和对建筑中白天自然采光效果的评价

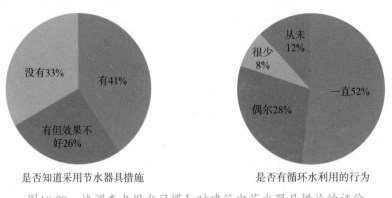

图10.28　被调查者用水习惯和对建筑中节水器具措施的评价

（3）对自然采光设计的评价

住宅内白天自然采光效果较好，大部分被调查者（60%）认为白天自然采光完全能够满足室内光照的需要，有34%被调查者认为有部分时间不能满足室内光照需要，仅6%被调查者认为绝大多数时间不能满足室内光照需要；对于日常开窗通风习惯，平均来看，盛夏时节每天开窗通风时间大致在4~6h，春秋时节大致在2~4h，冬季大致在2h以内，盛夏开窗时间长可能是由于居民时常整夜通风所致，而春秋时节由于气温不太高，晚上临睡前可能会关窗，如图10.27所示。

（4）对节水器具的评价

对于项目采用的节水器具措施，大部分被调查者了解，但仍有26%被调查者认为节水器具措施的效果不好；在日常生活中，大部分被调查者会循环用水，如图

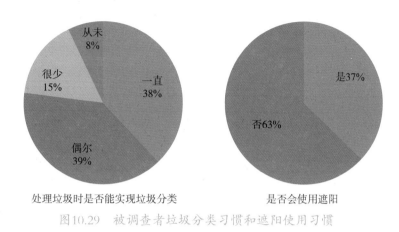

处理垃圾时是否能实现垃圾分类　　　　　是否会使用遮阳

图10.29　被调查者垃圾分类习惯和遮阳使用习惯

10.28所示。

（5）对垃圾分类和遮阳措施的使用习惯

对于日常生活中处理垃圾是否能实现垃圾分类的调查，少部分被调查者很少或从未采用分类的垃圾处理方式。从图10.29可以看出，少部分被调查者在日常生活中会采用遮阳措施。

（6）对地板采暖、土建装修一体化、功能涂料、太阳能热水的评价

对于土建装修一体化的质量的评价，大部分被调查者比较满意；对于住宅内地板采暖系统的评价，大部分被调查者认为比传统采暖方式更优；对于使用涂料效果的评价，大部分被调查者认为异味较低，仅5%认为有明显异味；对于太阳能热水系统对生活热水费用的影响，大部分被调查者认为能够节约费用，少部分被调查者认为没有影响，仅有8%被调查者认为反而增加了费用。对于该项目所应用的上述主要绿色技术中，被调查者最满意的技术措施排序依次为：地板采暖＞太阳能热水系统＞室内除甲醛材料，见图10.30。

10.4.2　问卷与实测结果对比分析

将室内使用者主观感受与现场测试的主要结果进行对比，见表10.4。可以看出，在室内噪声和室内空气品质两方面，室内使用者主观感受与现场实测结果较为吻合。该项目实际运行情况良好。

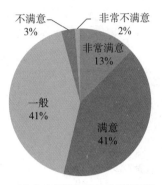

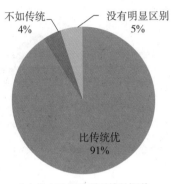

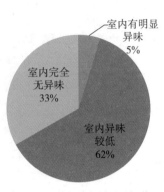

对住宅内精装修设计的质量评价　　　对本住宅地板采暖系统的评价　　　对本住宅所使用涂料效果的评价

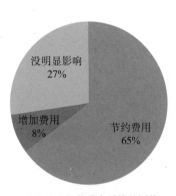

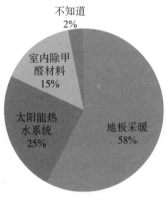

对本住宅太阳能热水系统的评价　　　对本住宅中最满意的技术措施

图10.30　被调查者对建筑中绿色技术措施的总体感受评价

室内使用者主观感受与现场测试主要对比表　　　　　　表10.4

类别	室内使用者主观感受	现场测试结果
室内噪声	噪声可接受范围之内，较为满意	卧室、起居室的允许噪声级在关窗状态下白天不大于42dB（A），夜间不大于31dB（A），满足标准要求
室内空气品质	5%被调查者的较为满意，95%的被调查者认为本住宅所用涂料无异味或仅有较低异味	甲醛、苯、氨、TVOC和氡五项室内气态污染物浓度满足相关标准规范要求